U0349004

玉米
生长模拟模型构建与
图像监测识别系统设计

贾彪 著

中国农业科学技术出版社

图书在版编目（CIP）数据

玉米生长模拟模型构建与图像监测识别系统设计／贾彪著. —北京：
中国农业科学技术出版社，2021.4
ISBN 978-7-5116-5180-8

Ⅰ.①玉… Ⅱ.①贾… Ⅲ.①玉米-植物生长-研究 Ⅳ.①S513

中国版本图书馆 CIP 数据核字（2021）第 026053 号

责任编辑　陶　莲
责任校对　马广洋
责任印制　姜义伟　王思文

出 版 者　中国农业科学技术出版社
　　　　　北京市中关村南大街 12 号　邮编：100081
电　　话　(010)82106625(编辑室)　(010)82109702(发行部)
　　　　　(010)82109709(读者服务部)
传　　真　(010)82106625
网　　址　http://www.castp.cn
经 销 者　各地新华书店
印 刷 者　北京建宏印刷有限公司
开　　本　710mm×1 000mm　1/16
印　　张　7.75
字　　数　152 千字
版　　次　2021 年 4 月第 1 版　2021 年 4 月第 1 次印刷
定　　价　88.00 元

内容提要

作物生长过程模拟模型构建是农业信息学研究的主要内容，为农作物精准监测提供新的理论基础和技术支撑，对于推动现代农业遥测技术的实际应用和作物表型解析具有一定的学术价值与社会价值。本专著通过采集大量的玉米生长数据，包括光合数据、形态数据、玉米冠层图像信息和农艺信息等，采用系统分析法和机器学习法构建了滴灌水肥一体化下玉米光合响应特征曲线模型，分析了基于数字图像的滴灌玉米光响应曲线特征参数，并对滴灌玉米光响应曲线模型进行比较。采用归一化思路估算玉米果穗发育动态与叶面积指数（LAI）变化，分析玉米冠层图像特征参数，构建了玉米光合、形态和生理特征等动态关系模型。通过多年研究成果的积累，设计了两套基于机器视觉的农作物数字图像采集与生长监测装备和农作物籽粒分离系统，其操作简便、高效实用，非破坏性监测，为宁夏农作物数字化监测和群体结构分析提供参考。本专著主要可供农学类专业的本科生和研究生以及从事作物模拟模型构建与精确农业方向的教学、科研和管理人员阅读参考。

前　　言

　　作物生长模拟模型研究是对作物生产系统所涉及的气象、土壤、肥料、水分、生理、栽培和生态等不同学科的知识综合和关系量化，可促进作物生长发育基本规律和田间管理知识由传统定性描述向定量分析的转变，深化作物系统过程定量化认识和数字化表达，并能见到作物学科已有知识的积累程度和空缺情况，明确学科新的研究方向。作物生长模拟模型主要帮助人们深刻理解和认识作物生产系统的基本规律和量化关系，并对系统动态行为和最终表现进行预测，从而辅助生产者对作物生产系统进行适时合理调控，实现作物生产高产、高效、优质、生态、安全的可持续发展。

　　玉米是我国第一大粮食作物，已成为农民增收的主渠道，在农业产业发展中占有极其重要的地位。玉米生产直接关系着我国农业的发展，是关系到国计民生的根本性问题。因此，实时地获取玉米长势信息，加强玉米长势过程中的管理与调控，改善玉米群体质量，构建玉米生长监测与营养诊断模型显得尤为重要。随着农业信息技术的快速发展，数字图像处理与模式识别技术在农业生产上有了较大突破，其快速、高效的数字化监测手段与系统分析方法，广泛应用于作物产前、产中、收获和产后等各个环节，如农学农艺参数测算、光响应特征参数估算、长势监测模型构建、氮素营养诊断和远程信息实时跟踪与分析等。融合机器学习技术、计算机视觉技术、远程监测技术和农田物联网技术的作物长势监测与氮素诊断远程控制系统。本专著针对宁夏回族自治区（全书简称宁夏）玉米光谱特性与可视化信息获取手段单一、信息采集基础设施薄弱以及田间精准管理动态不精准等问题，开展滴灌玉米动态实时跟踪监测以及植株氮素营养诊断模型构建研究，探讨光谱指标与数字化指标对滴灌玉米不同氮营养水平的响应，通过机制模型进行施肥推荐和指导大田生产。本书共有12部分内容，第1部分主要介绍了光响应特征模型发展现状以及计算机视觉技术在作物长势监测应用中的背景、意义与国内外研究现状；第2部分重点介绍了本研究具体的研究思路与材料方法；第3部分主要探讨了利用手机图像预测玉米光响应特征参数的可行性；第4部分重点提出了一种基于机器学习的网格搜索方法，以优化滴灌玉米光响应特征曲线模型；第5部分主要揭示了玉米吐丝期光合响应机制及光合响应特征；第

6 部分主要探讨了宁夏引黄灌区滴灌玉米光响应机制，并对 4 种通用的光响应曲线模型进行比较；第 7 部分主要揭示了滴灌水肥一体化玉米冠层图像颜色特征参数随生长发育时间与有效积温的动态变化规律；第 8 部分重点解析了宁夏滴灌玉米冠层图像参数与果穗形态参数间的内在联系；第 9 部分建立了基于无人机与机器视觉的玉米出苗关系模拟模型；第 10 部分主要探讨了宁夏引黄灌区不同施氮条件下滴灌玉米叶面积指数的动态变化特征；第 11 部分重点介绍了一款自主设计研发的基于机器视觉的农作物数字图像采集与生长监测装备；第 12 部分重点介绍了基于数字图像处理技术的玉米籽粒识别与分拣系统。

　　本专著可作为农学类专业科技工作者、高等院校师生在农业信息技术与精准农业方面的学习参考资料。本专著依托国家自然科学基金项目、宁夏回族自治区东西部合作项目等资助，是多年研究工作的阶段性总结。所包括的内容是宁夏自然科学基金项目（2020AAC02012）、宁夏回族自治区重点研发计划（2019BBF03009 和 2018BBF02004）、国家自然科学基金项目（31560339）以及宁夏大学草学一流学科建设项目（NXYLXK2017A01）所取得的科研成果，是参与项目的科学家和在实施过程中所有参与课题研究的队伍智慧和劳动的结晶。除本专著作者以外，许多专家和老师也参与了大量的研究工作，并在本专著的著写工作中给予指导意见，他们是宁夏大学孙权教授、马琨教授和康建宏教授，石河子大学马富裕教授，中国农业科学院作物科学研究所李少昆研究员、侯鹏副研究员等，在本书出版之际向他们的辛勤付出表示衷心感谢！由于著者水平有限，书中不妥之处在所难免，敬请各位专家同行与参阅者批评指正。

著　者

2020 年 10 月

目　　录

1　文献综述

1.1　研究意义

作物生长模拟模型以作物生长发育的内在规律为基础，综合作物遗传潜力、环境效应、技术调控之间的关系，是一种面向作物生产过程的生长模型或过程模型，具有较强的机制性、系统性和通用性。作物生长模拟模型是栽培学领域发展过程中出现的一个新的分支，对传统的农业科技产生深刻而广泛的影响，应用的领域也正在不断扩大。作物生长模型的成功开发和应用促进了对作物生长发育规律由定性描述向定量分析的转化过程，为作物生长决策系统的开发与应用奠定了良好的基础，特别是为可持续农业和精确农业的研究提供了科学的依据。近年来，随着人工智能和遥感技术的发展，数字图像处理技术、深度学习技术和机器学习的方法越来越多地应用于作物生长模拟模型构建，并在作物光合生理监测、生长状况监测和营养诊断等多个方面得到了一定的应用，预测精度均高于传统回归方法，为作物信息学的交叉研究提供了方法和思路。

玉米是我国第一大粮食作物，广泛用于食品、纺织、造纸、化工、医药、建材等行业，玉米生产直接关系着我国农业的发展，关系到国计民生的根本性问题。玉米也是宁夏特色优势作物之一，具有很强的生态适应性。在宁夏四大粮食作物生产中，玉米种植面积和总产均位居第一，已成为宁夏农民增收的主渠道，在粮食产业发展中占有极其重要的地位。宁夏玉米种植分布广泛，川区为主，山区次之。宁夏北部灌区有良好的灌溉系统以及光、热等自然条件，而南部山区属于典型的雨养农业与农牧交错区，长期受到灾害性气候因素的影响。覆膜滴灌水肥一体化技术的大面积推广应用为高产、优质、高效玉米生产创造了极为有利的条件，但在覆膜滴灌玉米生长监测过程中存在的问题依然突出，因此急需快速无损、省时高效的测算方法，进行玉米生长过程的监测，建立玉米生长监测与营养诊断模型，加强宁夏玉米长势过程管理与调控，改善玉米群体质量，提供玉米田间水肥精准管理技术指导，对于各级政府农业机构和作物生产管理部门实时了解玉米生长动态信息，采取科学的管理措施具有重要意义。

1.2 国内外研究现状

运用计算机技术对植物生长进行监测与营养诊断具有无损、快速、实时等特点。它不仅可以对作物的叶片面积、叶片周长、茎秆直径、叶柄夹角等外部生长参数进行监测，还可以根据光照强度来判断作物生长过程中的光合速率，来指导田间管理以提高光能利用率，提高干物质积累量并提高经济效益，快速监测作物缺水缺肥等情况，进行外部环境杂草识别，同时根据种子表面颜色及大小判别其发育程度以及是否发生霉变，以防止在农业生产过程中遭受损失。

1.2.1 基于形态识别的作物生长监测模型研究

早在 1965 年，就有学者通过研究玉米冠层的光合速率，建立了较完整的作物生长模拟模型，并在计算机上进行了模拟。利用计算机进行植株整体生长状况的监测最早则是在 1987 年，通过利用相互垂直的 2 个相机获取作物图像的二维信息，由 2 个二维图像构造三维图像的坐标变换方程，在三维空间中求取作物节点间距、叶柄长度、茎秆直径、叶片倾斜角等农艺性状。在此研究中，对于叶片面积的测量采用的是三角形逼近的方法（Woebbecke et al., 1995）。近年来，国内外诸多学者针对不同的作物开展了作物生长监测模型的试验研究，并且已经成功地应用在玉米、小麦、高粱、谷子、马铃薯等作物上，进行监测的参数包括叶面积、灌浆情况、出苗情况、株高茎粗等。

叶面积在作物生产过程中是一项重要的作物生长参数。通过对叶面积变化的监测可计算作物的用水量、蒸腾作用及产量等，也可以基于叶面积参数建立植物生长模型用于分析植物的生长状况。早在 1952 年，就有学者开始进行植被冠层截光理论研究，其中最重要的就是叶面积的精准测算（Monsi et al., 1953）。传统的主要叶面积测量方法一般为有损测量，且费时、费力。所以如何更加快速、精准、无损地进行植株叶面积测算成为一个突出的问题。人们最早探索了利用图像处理方法测量马铃薯叶面积的方法，提出了叶面积估算模型，利用图像处理方法测量马铃薯叶面积具有较高的准确性（Trooien et al., 1992）。在利用图像处理方法测量叶面积的可行性得到证实之后，开始有学者探索使用图像处理的方法估测除了叶面积之外的其他叶片参数的方法，为了达成这个目标，进行了植物叶冠相对覆盖率与植物干重之间关系的研究，建立了 3 种数学模型，并且利用对比实验以及线性回归方法，得到了一个最优的模型（Van Henten et al., 1995）。试验证实植物的叶面积与植物干重之间的确存在线性关系，图像处理方法误差只有

5%。这一研究结果为图像处理方法测量叶面积，预测植物干湿重提供了理论依据（Van Henten et al.，1995）。与此同时，我国的诸多学者也在包括园艺作物、林木作物等不同作物上开展了基于叶面积图像处理方法监测作物生长的相关研究，在园艺作物方面，有学者开展利用机器视觉技术分析和判别蔬菜苗生长信息的相关研究，从而为移栽提供了必要的信息（陈晓光等，1995；李长缨等，2003）；在林木作物方面，开展了利用计算机视觉实现苗高、根长、树冠投影面积等12个针叶苗木参数提取的研究（白景峰等，2000）。

单位土地面积上植物叶片总面积占土地面积的倍数称为叶面积指数（LAI），是衡量光合面积是否合理，得到更大光能利用率的关键参数。为了提高 LAI 的估测精度，有学者测定黄土高原旱地不同氮、磷水平和不同冬小麦品种各生育时期冠层光谱反射率与叶面积指数，通过相关分析、回归分析等统计方法，建立冬小麦 LAI 高光谱遥感监测模型，实现了精准、快速、大范围的进行 LAI 测定（贺佳等，2014）。但是光谱仪成本高、普及难，为了解决这个问题，有学者开展了基于数字图像处理的 LAI 监测研究。高林等（2018）提出了与光谱法相比成本更低、更易于普及的利用数字图像估测 LAI 的新思路。利用无人机获取数据源，发现基于 UAV-based VARIRGB 指数模型预测的 LAI 与实测 LAI 达到高度拟合，为反演冬小麦 LAI 的最佳参数指标（高林等，2018）。在同一时期也有学者通过相关试验设计出了基于无人机遥感平台搭载高清数码相机构建低成本的遥感数据获取系统，对图像参数进行归一化处理，并用逐步回归分析方法进行了 LAI 的估测，估测模型和验证模型的精度明显提高（牛庆林等，2018）。在应用数字图像进行植株叶片参数监测时，受田间光照变化影响，冠层图像参数计算的精度及自动化程度仍然不高，这成为此项技术使用与推广面临的关键问题。针对这个问题，有学者提出了一种基于冠层顶视单角度红外图像序列的玉米叶面积指数获取方法，简化了顶视冠层图像的叶片投影函数（G 函数），利用 Beer-Lambert 定律推导了通过图像冠层孔隙度计算叶面积指数的方法，图像序列分割精度大大提高（王传宇，2018）。

株高与出苗情况是对作物生长过程进行描述的最为直观的指标，相关信息也很容易被摄像机获取，可用于监测作物的生长情况。早在 1989 年，就有日本学者提出 SPA（Seaking Plant Approach）思想，其核心正是利用图像传感器对植物的生长进行无损测量。在基于机器视觉的株高监测方面，美国学者设计了一种利用 CCD 摄像机与红外照明设备组成的计算机视觉系统，表明作物白天的生长速度要远远高于夜晚（Shimizu et al.，1995），这为合理控制植物的光照条件提供了依据。株高也是温室作物重要的参数，随着温室产业的不断发展，如何提高温室的智能化控制水平，已经成为各国学者研究的重点，这就要求开展利用计算机视觉技术对温室植物生长进行无损监测系统的研究，以获取植物生长状态信息，这种无损监测的新技术不仅可以节省温室中的劳动力，客观、快速、准确地测量植物生长参数，而且不对植物构成伤害，对经济性较高的作物来说很有意义（李长缨等，2003）。除了温室作物以外，机器视觉技术也随着无人机技术的发展在对大田作物株高的监测中得以应用，有学者构建了基于 Kinect 2.0 的大豆冠层图像同步采集平台，提出了基于深度信息的个体和群体大豆株高计算方法，能较为精确地计算大豆植株的株高特征（冯佳睿等，2019）。基于机器视觉的种子萌发过程与出苗过程的监测研究也取得了一些进展，在 1995 年就有学者为了定量描述咖啡种子从成熟到萌发的发展过程，并证实机器视觉系统预测发芽率的精度好于专家人工预测的精度（Ling et al.，1996）。对于大田作物来说，出苗率是保障产量的关键因素。基于低空无人机平台快速获取大田作物出苗株数，是一种省时省力、高效精准的出苗率获取方法，能有效解决植株数量检测中人工统计耗时、费工、效率低下的问题。有学者通过自主搭建的低空无人机遥感平台采集作物机械直播区域的遥感影像，并研究证实能有效识别出苗株数（赵必权等，2017）。这些研究结果体现出了基于机器视觉监测作物出苗情况与生长状况的优势与可行性，为后续作物高产的准确评估提供了技术支持。

1.2.2 基于数字图像的作物光响应特征参数研究

随着计算机软硬件技术、所采用图像感应器件的快速发展以及数码相机价格的不断下降，数字图像处理与模式识别技术在农业上的应用有了较大突破，国内外学者使用农业遥感技术对作物的光合生理监测得到一定的应用，使得通过数码相机测量光反射强度来评价作物生长发育情况和营养状况的技术大范围适用成为可能。同时，冠层结构是影响群体光合特性和微气象因子的重要因素之一。适宜的冠层结构，有助于改善群体冠层的通风与透光能力，改善群体光分布，提高群体的光能有效截获率和光合性能，增加作物的产量。作物冠层结构与作物的光合特性联系紧密，所以分析作物冠层数字图像特征参数与光响应特征参数间的相关关系，建立基于数字图像分析技术的作物光响应参数关系模型，是实现快速无损、省时高效的光响应特征参数测算的重要举措。

Moualeu 等（2016）利用净同化率（Net assimilation rate，NAR）与胞间二氧化碳浓度（Intercellular CO_2 concentration，Ci）曲线估测不同光照条件下不同叶龄黄瓜叶片光合参数效果较好。光化学植被指数可用于探测植被光合生理参数最大羧化速率和气孔导度的变化，建立不同尺度的光化学植被指数与光合生理参数最大羧化速率（V_{cmax}）的关系模型，可以反演光合参数的季相变化（Gamon et al.，2013；Jin et al.，2012）。通过测量区域可见光光谱数据，建立作物植株群体净光合速率（Pn）预测模型，利用可见光光谱预测大豆植株群体 Pn（武海巍等，2016）。对拔节期玉米叶片 Pn 进行检测，建立线性回归模型，探求出玉米叶片 Pn 的快速无损检测方法（张雨晴等，2019）。利用先进的 Fluke 红外热像仪获取棉花关键生育时期冠层的红外热图像，建立一种基于红外热图像的棉花冠层水分胁迫指数与光合参数的关系模型，提供一种高分辨率空间信息的手段，对作物光合作用进行监测（程麒等，2012）。

然而光谱仪和热成像仪价格高昂、普及性差，随着数字图像处理技术的日趋成熟，采用数码照相获取作物数字图像在水稻（Yuan et al.，2016）、小麦（Baresel et al.，2017）、棉花（Jia et al.，2014；贾彪等，2016；Yang et al.，2017）、玉米（Korobiichuk et al.，2018；牛庆林等，2018）长势监测等领域已初见成效，利用手机相机对作物进行监测具有便于携带、易操作、普及性强、分辨率和性价比高等优势。

随着无人机的日益成熟，使得无人机平台的新型近地遥感技术备受农业生产者青睐。采用低空无人机搭载多光谱成相机反演花蕾期棉花光合参数，提取棉花冠层光谱反射率信息，建立光谱信息与棉花不同光合参数如 Pn、气孔导度（Stomatal Conductance，Gs）、蒸腾速率（Transpiration Rate，Tr）和 Ci 等反演模型，图像采集范围较人工使用仪器采集更大，完整度也更高（陈俊英等，2018）。通过无人机搭载的多光谱相机获取棉花花铃期冠层的光谱反射率，利用一元线性回归和主成分回归、岭回归、偏最小二乘回归等多元回归分析方法进行建模和验证，进而对比分析得出光合参数反演的最优模型（陈硕博，2019）。

1.2.3 基于机器学习的作物光响应特征参数研究

光合作用是生物界赖以生存的基础，光是光合作用的主导因子，对每种作物均可做出光合作用对光的影响曲线。大量研究指出，直角双曲线修正模型是拟合各种不同处理条件下光响应动态变化规律的最优模型，而如何精准计算光合参数和提高模型精度是模型应用的难点（Ye，2007；Ye et al.，2013a，2013b）。近年来，随着人工智能技术的发展，机器学习方法越来越多地应用于作物建模，基于机器学习方法可进行作物钾素等的营养诊断，其预测精度均高于传统回归方法（Zhai et al.，2013）。利用随机森林算法从 HJ-CCD 数据遥感反演小麦叶片相对叶绿素含量（$SPAD$）值，该算法构建的模型具有较高的预测精度，可为小麦叶片 $SPAD$ 值的无损、快速监测提供一种新的方法，有很高的应用价值（王丽爱等，2015）。通过随机森林法筛选出的去除包络线光谱波段建立的偏最小二乘回归模型（PLSR）和 BP 神经网络模型的估算能力均高于原始光谱波段，且 PLSR 估算能力高于 BP 神经网络模型（依尔夏提·阿不来提等，2019）。Farquhar 光合模型是叶片尺度光合作用模拟的主流机制模型，选用机器学习的近似贝叶斯法来确定 Farquhar 光合模型的生理参数，发现采用机器学习的方法测算出的模拟值和实测值的线性回归曲线斜率 1.04 与理论 1.0 基本保持一致（曾继业等，2016）。同时，这种方法对于多物种群体也具有普遍适用性。

用于粮食作物与园艺作物的机器学习的光响应特征模型相关研究也在持续推进。基于遗传算法的番茄幼苗光合作用优化调控模型，所获取的不同温度条件下的光饱和点实测值与模型计算值之间高度线性相关。SVR 构建预测模型的决定系数最高，证明 SVR 算法对于多维样本数据拟合具有优势，采用 SVR 算法构建预测模型是可行的（胡瑾等，2019）。融合 SVR 算法构建以光饱和点为目标值的黄瓜花果期立体光环境优化调控模型能以较高精度拟合多因子与光合速率之间的关系。前人研究丰富了基于机器学习的作物预测模型建立方法，为作物光响应曲线模型精度的提高提供新思路，机器学习网格搜索法将估计函数的参数通过交叉验证的方法进行优化，可避免近似贝叶斯法的缺点，进而提高参数的精确度（曾继业等，2017）。

随着计算机软硬件技术的迅猛发展，基于机器学习方法进行作物光合速率的监测在农业上的应用有了较大突破，且预测精度与预测效率均高于传统回归方法，是农业信息化趋势中的发展热点。同时，数字图像处理技术的日趋成熟，采用数码照相获取作物数字图像在长势监测等领域已初见成效，所以建立基于数字图像的玉米光响应参数关系模型，并通过独立试验数据和相关评价指标对模型进行评价，探讨利用数字图像特征参数反演作物光响应曲线的特征参数，提高相关技术的可推广性，是未来相应研究推进的热点。

1.2.4 视觉化作物信息识别装置与系统应用研究

农业科研人员在研究工作中，常常需要进行作物生长状况以及粮食种子品质检测，此工作的传统方法主要靠科研人员主观判断，烦琐且重复率高，误差大，效率低，耗时长，为农业科研人员增加了太大的负担，结果却不尽人意。近几年随着计算机视觉技术的发展，基于机器视觉的形态识别技术在粮食种子品质检测等方面已广泛应用，应用此技术的农业机械以及相关发明专利在近几年发展迅速，相关农机的开发是农业信息化过程中的研究热点。

种子是最重要的生产资料，故种子筛选机械的开发是研究的热点。山东省农作物种质资源中心提出了一种霉变种子的筛选方法，利用真菌的自发荧光特性，通过检测霉变种子在照射下的激发荧光，实现对霉变种子的鉴别。中国农业大学提出了一种霉变玉米种子检测方法，即采用空气偶合超声波设备采集玉米种子超声回波信号，获取所述超声回波信号的边际谱，获取分类特征并根据所述分类特征建立检测模型（高万林等，2015）。而除了种子品质检验筛选机械以外，粮食品质检验筛选对于保障粮食安全也具有非常重要的意义，中国船舶重工集团公司提出了一种未成熟稻米检测设备，通过感测来自透射光源的经过样品颗粒后的光线，得到图像信息，并通过处理图像信息，根据样品颗粒的透明度分辨未成熟的样品颗粒。

　　随着"互联网+"农业的不断推进，对相关农业企业进行粮食品质检测以及种子质量检测的效率提出了更高的要求，急需新颖可靠、检测速度快、鉴别能力强、可大批量操作的检测方法，开发基于机器视觉的形态识别技术的检测系统是解决这一问题的有效举措，可满足快速检测农产品的信息化需求。

2 研究思路与方法

2.1 研究内容

运用计算机视觉进行作物生长过程监测是近年来农业信息技术的主要研究方向与发展趋势。其监测方法具有快速、高效、实用的优势，为农作物精准监测提供新的理论基础和技术支撑，对于推动现代农业近地面遥感监测技术的实际应用具有一定的学术价值与社会价值。本专著研究通过大量的数码相机和手机相机以及无人机获取玉米冠层图像信息，通过图像分析处理构建玉米光合信息、形态特征、生理特征等相关模型，同时通过多年的研究积累，设计了成套的便携式作物生长监测装备，具有操作简便、快捷、非破坏性等优点，为宁夏玉米数字化监测和群体结构分析提供参考依据。主要研究内容如下。

2.1.1 基于机器学习的滴灌玉米光合响应特征

提出了一种优化模型精度的机器学习网格搜索方法，运用机器学习网格搜索法和非线性回归分析法对基于直角双曲线修正模型的光响应曲线进行拟合。解决滴灌玉米光合响应曲线模型参数确定难、精度低等问题，为滴灌玉米光合生理机制及光合响应特征提供新的研究思路。

2.1.2 基于手机图像的滴灌玉米光响应曲线特征参数研究

光响应特征参数可反映作物的光合过程、光合能力及对逆境胁迫的响应。将数字图像特征参数与作物光响应曲线特征参数有机结合，探讨利用手机照片预测玉米光响应特征参数的可行性，为滴灌玉米光响应曲线特征参数的快速获取提供一定的理论依据。

2.1.3 宁夏引黄灌区滴灌玉米 4 种光响应曲线模型比较

探讨宁夏引黄灌区滴灌玉米光合响应机制，选取 4 种通用的光响应曲线模型分别对玉米大喇叭口期的光响应过程进行分析、拟合与比较分析玉米对强光的适应范围和光能利用效率，增强光合作用。

2.1.4 滴灌玉米穗位叶光响应特征研究

针对宁夏引黄灌区滴灌水肥一体化下玉米光响应生理参数的计算精度存在的问题，探讨玉米吐丝期的光合响应机制及光合响应特征。选用4种常用模型对滴灌玉米光响应过程进行拟合分析，评价和筛选出玉米吐丝期最优模型，并利用最优模型计算玉米光响应参数值。从而实现利用光合参数可判断玉米吐丝期的氮素营养状况，调控滴灌玉米最佳施氮量，提高滴灌玉米光合能力，进而提高产量。

2.1.5 基于有效积温的玉米冠层图像特征参数分析

为揭示滴灌水肥一体化玉米冠层图像颜色特征参数随生长发育时间与有效积温的动态变化规律，明确有效积温对玉米冠层图像三基色色彩模型（RGB）的动态变化影响机制，比较图像特征参数的拟合精度。利用防抖手持云台搭载手机相机遥控获取玉米冠层垂直地面图像，提取图像色彩特征参数，以有效积温为自变量，对玉米冠层数字图像特征参数进行拟合分析并比较，分析图像参数与叶片氮浓度的相关性，为宁夏滴灌玉米图像监测提供监测指标。

2.1.6 基于归一化冠层覆盖系数的玉米果穗发育动态估算

解析宁夏滴灌玉米冠层图像参数与果穗形态参数间的内在联系，提出一种采用作物冠层图像特征参数来拟合玉米果穗形态生长发育动态的数学方法，建立玉米灌浆期果穗发育动态估算模型，实现了基于作物冠层图像处理技术的玉米果穗形态无损监测，为果穗形态参数估算和大面积玉米无损监测提供参考。

2.1.7 基于无人机的水肥一体化玉米出苗率估算

出苗率是西北地区春播玉米夺得高产的前提保障，针对宁夏大面积玉米种植过程中人工统计出苗状况工程量大、耗时费力、误查漏数等现象。运用无人机搭载数码相机获取玉米苗期高清图像，运用MATLAB中快速特征点提取和描述算法（ORB）与距离加权融合算法合成无人机图像，通过二值化、腐蚀膨胀等深度优化处理技术得出玉米苗期图像轮廓，然后运用MATLAB 8位连通域和ARC-MAP 10.3计算方法自动规划路线并计算出玉米的出苗数量，此方法是一种省时省力、高效精准的出苗率获取方法，可为后续玉米高产的准确评估提供技术支持。

2.1.8 滴灌玉米叶面积指数归一化建模与特征分析

探讨宁夏引黄灌区不同施氮条件下滴灌玉米叶面积指数的动态变化特征，反映温度等气象因子对宁夏玉米形态结构和生长发育的影响，预测玉米生长过程与相对叶面积指数动态变化规律。建立相对有效积温为自变量和相对叶面积指数间动态模型，其中有理函数模型更符合宁夏滴灌玉米相对叶面积指数动态变化规律，为滴灌玉米叶面积指数动态模拟精度提供技术途径。

2.1.9 基于机器视觉的农作物数字图像采集与生长监测装备

设计一种基于机器视觉的农作物数字图像采集与生长监测装备，包括箱体、箱盖和安装于箱体内的可折叠支架、设于可折叠支架上的集成主机箱及安装于集成主机箱上的液晶显示屏，箱体内设有可伸缩手臂，可伸缩手臂另一端可拆卸连接电控云台。电控云台上安装有相机，电控云台由遥控器操作；液晶显示屏可在垂直于液晶显示屏的竖直面内旋转使液晶显示屏折叠紧贴于集成主机箱上表面；集成主机箱内包括电源箱、充电器、主机适配器。应用机器视觉技术监测作物的个体及群体特征参数，可小面积、小范围监测作物生长，也可以大面积、大范围反映作物势态。

2.1.10 基于数字图像的发霉玉米识别与分拣装置

采用机器视觉进行农作物数字图像采集与生长监测以及识别发霉玉米籽粒表型分析，使用数字图像处理技术分离发霉玉米籽粒，设计了一种基于数字图像的发霉玉米识别与分拣装置，包括脱粒装置、机械传送装置及图像采集系统，经脱粒除杂的玉米掉落在分离托板上，经机械传送装置进行分离排序，随后由白色背景不反光传送带带动籽粒从出口离开图像采集区，完成机器视觉图像采集，然后将图像通过 HDMI 转 USB 接口传输给计算机，利用MATLAB 获取、处理图像并分析霉变种子的位置，通过霉变玉米分拣拨片将霉变种子分离。本装置利用图像处理技术，运用 MATLAB 进行图像处理和分析，对于霉变玉米籽粒在特定光源照射下的分析，实现了霉变玉米籽粒的快速准确检测，具有高效、鉴别能力强、重复性高、可大批量检测等优点，可有效地检测玉米霉变状况并且进行分离。

2.2 材料与方法

2.2.1 试验地概况

本研究总共设置 3 个试验，于 2017 年和 2018 年玉米生长季，利用 2 个玉米品种在银川市平吉堡农场（106°1′47″E，38°25′30″N）和永宁县宁夏大学试验农场（106°14′12″E，38°13′03″N）进行了田间试验。2 个试验地位于贺兰山东麓，海拔高度均为 1 100m，多年平均温度、降水量和蒸发量分别为 8.6℃、272.6mm 和 2 325mm，关于试验地的土壤基础肥力详见表 2-1。平吉堡农场基本气象条件如图 2-1 所示；宁夏大学试验农场基本气象条件如图 2-2 所示。

表 2-1 土壤基础肥力

试验地	年份	pH 值	有机质 (g·kg⁻¹)	全氮 (g·kg⁻¹)	全磷 (g·kg⁻¹)	碱解氮 (mg·kg⁻¹)	速效磷 (mg·kg⁻¹)	速效钾 (mg·kg⁻¹)
平吉堡农场	2017	7.92	11.51	0.82	0.59	37.42	19.11	102.48
	2018	7.57	12.78	0.7	0.45	36.64	17.42	95.34
宁夏大学试验农场	2017	8.44	8.07	0.98	0.59	40.47	18.33	106.25
	2018	8.57	14.8	0.92	0.53	39.44	20.63	111.25

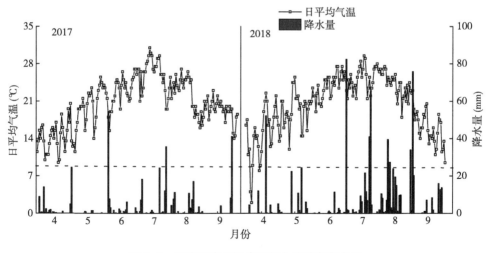

图 2-1 平吉堡农场玉米不同生育期气象条件

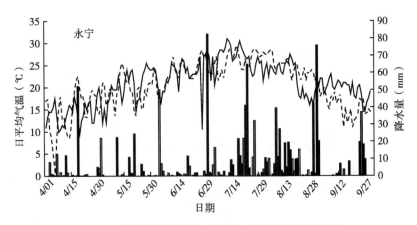

图2-2 宁夏大学教学实验农场玉米生育期气象条件

2.2.2 试验设计

试验1在宁夏农垦平吉堡农场进行，前茬作物为玉米。为不同氮素处理试验，氮肥梯度分别为N0（0kg·hm⁻²）、N1（90kg·hm⁻²）、N2（180kg·hm⁻²）、N3（270kg·hm⁻²）、N4（360kg·hm⁻²）、N5（450kg·hm⁻²），采用单因素随机区组设计，玉米供试品种为'天赐19'（TC19），生育期为137d左右。3次重复，18个小区，小区面积为66m²（长15m，宽4.4m）。采用宁夏大力推广的机械播种模式，宽窄行种植，宽行70cm，窄行40cm，株距20cm，种植密度为9×10⁴株·hm⁻²。供试氮肥为尿素（NPK 46-0-0），磷肥为磷酸二氢钾（NPK 0-52-34），钾肥为硫酸钾（NPK 0-0-52），其中磷肥（138kg·hm⁻²）、钾肥（120kg·hm⁻²）为常规用量，作为基肥播前一次性施入，肥料用量均以元素态计算；氮肥采用水肥一体化滴灌模式施入，分别为苗期、拔节期、小喇叭口期、大喇叭口期、吐丝期、籽粒建成期、乳熟期和蜡熟期随水施肥8次，随水施肥中氮肥占用量分别为10%、15%、15%、15%、20%、10%、8%、7%，如表2-2所示。其他管理过程同当地高产田生产。

试验2在宁夏永宁县望洪镇西河村宁夏大学试验农场进行，前茬作物为玉米。试验田0~20cm耕层土壤基础肥力如表2-2所示。供试品种、试验设计、施肥和灌水等其他田间管理同试验1。

试验3在宁夏农垦平吉堡农场进行，前茬作物为玉米。设置6个施钾水平，分别为K0（0，CK）、K1（90kg·hm⁻²）、K2（180kg·hm⁻²）、K3（270kg·hm⁻²）、K4（360kg·hm⁻²）、K5（450kg·hm⁻²），采用单因素随机区组设计，3次重复，共18个小区，小区面积为66m²（长15m，宽4.4m），采用宁夏大力推广的机械播种模式，宽窄行种植，宽行 70cm，窄行 40cm，株距 20cm，种植密度为 9×10⁴ 株·hm⁻²。供试品种为'天赐 19'（TC19），生育期为 137d 左右。供试氮肥为尿素（NPK 46-0-0），磷肥为磷酸一铵（NPK 12-62-0），钾肥为硫酸钾（NPK 0-0-52），均为水溶性肥料，其中磷肥（138kg·hm⁻²）、氮肥（300 kg·hm⁻²）为常规用量，肥料用量均以元素态计算。采用水肥一体化滴灌模式随水施入，遵循"随水施肥，少量多次"的原则（张兴风等，2016；刘学军等，2018；李哲等，2018），结合宁夏当地滴灌玉米推荐施肥模式，全生育期共施肥 8 次，分别为苗期 1 次、拔节期 3 次、抽雄期 1 次、灌浆期 3 次。各生育时期施肥量分别占总量的 10%、45%、20%、25%。其他管理措施与当地大田生产相同，灌水方式为滴灌灌溉。

表 2-2　玉米不同生育期氮肥追施情况

项目	苗期	拔节期	小喇叭口期	大喇叭口期	抽雄至吐丝期	籽粒建成期	乳熟期	蜡熟期
施肥日期	5月30日	6月10日	6月22日	7月4日	7月10日	7月25日	8月6日	8月15日
氮肥（N）	10%	15%	15%	15%	20%	10%	8%	7%

2.2.3　测试项目与方法

2.2.3.1　玉米光合响应曲线测定

于玉米大喇叭口期应用 Li-6400XT（Li-Cor，Lincoln，USA）型便携式光合作用测定系统进行光合响应曲线测定。选择晴朗天气上午的 9:00—11:30（在自然光诱导 1h 后），每个处理随机选取 3 株长势一致、受光方向一致无破损的穗位叶植株进行测定，测定玉米叶片在每一光强下的 Pn、Tr、Gs、Ci 等光合参数。测定时采用 Li6400-02B 红蓝人工光源测量叶室，通过开放式气路，设定温度为 25℃，二氧化碳浓度为 $400\mu mol\cdot mol^{-1}$（大气二氧化碳浓度），空气相对湿度为 50%~70%，光合有效辐射（PAR）梯度为 $2\,000\mu mol\cdot m^{-2}\cdot s^{-1}$、$1\,700\mu mol\cdot m^{-2}\cdot s^{-1}$、$1\,400\mu mol\cdot m^{-2}\cdot s^{-1}$、$1\,100\mu mol\cdot m^{-2}\cdot s^{-1}$、$800\mu mol\cdot m^{-2}\cdot s^{-1}$、$600\mu mol\cdot m^{-2}\cdot s^{-1}$、$400\mu mol\cdot m^{-2}\cdot s^{-1}$、$200\mu mol\cdot m^{-2}\cdot s^{-1}$、$110\mu mol\cdot m^{-2}\cdot s^{-1}$、$80\mu mol\cdot m^{-2}\cdot s^{-1}$、$50\mu mol\cdot m^{-2}\cdot s^{-1}$、$20\mu mol\cdot m^{-2}\cdot s^{-1}$、$0\mu mol\cdot m^{-2}\cdot s^{-1}$，仪器自动记录数据，仪器最小等待时间和最大等待时间分别为 120s 和 180s。每个叶片重复测定 3 次，取平均值进行分析。通过直角双曲线修正模型确定最大净光合速率（Pn_{max}）、光饱和点（LSP）、光补偿点（LCP）、暗呼吸速率（Rd）和表观量子效率（AQE）。根据测得数据计算水分利用效率（WUE）和呼吸效率（RE）。计算公式如下：

$$WUE = \frac{Pn}{Tr} \tag{2-1}$$

$$RE = \frac{Pn_{max}}{Rd} \tag{2-2}$$

2.2.3.2 作物光响应模型

式（2-3）～（2-6），分别为直角双曲线模型（Lewis et al，1999）、非直角双曲线模型（Thornley，1976）、直角双曲线修正模型（叶子飘等，2017）和指数模型（叶子飘，2008）表达式。

$$Pn = \frac{\alpha IPn_{max}}{\alpha I + \alpha IPn_{max}} - Rd \tag{2-3}$$

$$Pn = \frac{\alpha I + Pn_{max} - \sqrt{(\alpha I + Pn_{max})2 - 4\theta_{max}\alpha IPn_{max}}}{2\theta_{max}} - Rd \tag{2-4}$$

$$Pn = \alpha \frac{1 - \beta I}{1 + \gamma I}I - Rd \tag{2-5}$$

$$Pn = Pn_{max}\left[I - e^{(-\alpha I/Pn_{max})}\right] - Rd \tag{2-6}$$

式（2-3）～（2-6）中，Pn 是净光合速率（$\mu mol \cdot m^{-2} \cdot s^{-1}$），$\alpha$ 是表观量子效率，I 是光量子通量密度（$\mu mol \cdot m^{-2} \cdot s^{-1}$），$Pn_{max}$ 是最大净光合速率（$\mu mol \cdot m^{-2} \cdot s^{-1}$），$Rd$ 是植物的暗呼吸速率（$\mu mol \cdot m^{-2} \cdot s^{-1}$），$\theta_{max}$ 是非直角双曲线的凸度（$0 < \theta_{max} < 1$），β 是修正系数，γ 是一个与光强无关的系数。

2.2.3.3 作物光合响应直角双曲线修正模型

用 SPSS 非线性回归法和机器学习网格搜索法对各处理玉米光合参数进行计算，从而提高模型精度。模型如下。

$$Pn = \alpha \frac{1 - \beta I}{1 + \gamma I}I - Rd \tag{2-7}$$

式中，Pn 是净光合速率（$\mu mol \cdot m^{-2} \cdot s^{-1}$），$\alpha$ 是表观量子效率，I 是光量子通量密度（$\mu mol \cdot m^{-2} \cdot s^{-1}$），$Pn_{max}$ 是最大净光合速率（$\mu mol \cdot m^{-2} \cdot s^{-1}$），$Rd$ 是植物的暗呼吸速率（$\mu mol \cdot m^{-2} \cdot s^{-1}$），$\beta$ 是修正系数，γ 是一个与光强无关的系数。

2.2.3.4 玉米冠层图像获取

在玉米大喇叭期，选择天气晴朗，在太阳高度角相对稳定的 11：00—12：00，利用手机（iphone，1 200 万 dpi）获取玉米冠层图像。本试验则采用自主研发的便携式图像采集系统装置，主要由大疆灵眸（Osmo Mobile 2）防抖手持云台手机稳定器、碳素纤维伸缩杆、固定支架、蓝牙遥控器组成（图 2-3b），伸缩范围0.6m，能自由调节伸缩杆的角度获取冠层图像。拍摄时，将手机固定于云台手机稳定器，点击云台开机键，使用手机 DIG GO 4 软件通过蓝牙连接手机和云台，进入拍照界面，通过云台位置遥感键调整至手机与玉米冠层垂直拍摄，点击云台模式（M）键云台 Y 轴（垂直设定）锁定，指示灯由绿变黄，可保证手机恒定垂直于玉米冠层。将相机镜头距离冠层 3.2m 垂直高度（距玉米冠层约 1m），与地面呈 90°进行，同时将相机调至 Auto 模式下，以自动曝光控制色彩平衡。图片以 JPEG 格式存储，分辨率为 3 024dpi×4 032dpi。

试验全生育期均采用图 2-3a 设备获取冠层图像，由于大喇叭口期玉米株高达 2.2m 以上，无法通过图片清晰展示采用此设备获取冠层图像的完整过程，所以图 2-3b 为玉米小喇叭口期的图像采集过程。

a   b

图 2-3 田间数据获取

选取专业级无人机（深圳市大疆创新科技有限公司的 Inspire1），轴距 559～581mm，续航时间 18～20min，镜头 f/2.8（20mm 等效焦距），重量（含电池）2 935g，搭载数码相机型号为 X3，传感器为 SONY EXMOR 1/2.3″，有效像素为 1 240 万。

玉米幼苗生长期间，绿叶面积较小则无法识别，绿叶面积过大则叶片会相互重叠，都会影响无人机的识别精度，所以时间为灌出苗水 30d 后的 2 叶 1 心期。飞行应选择天气晴朗无云时，以提高无人机的识别精度，尽可能避免在天气状况不良的条件下进行图像采集。在天气状况不良时获取的图像如何处理是下一步研究的重点。

图像采集时间为 2018 年 5 月 25 日，播种后 30d 上午 11：00 左右，获取无人机平台数码高清图像，拍摄当天晴空万里，风力 2 级，根据照明条件规划航线设置，通过对无人机拍摄高度、图像重叠度及拍摄悬停进行设置，拍摄照片数量航点数都会在 DJI GS 软件中自动计算生成。在每次飞行前手动调整光圈至 f/4.0，相机曝光 1/100sec，白平衡，IOS 100，焦距 4mm，飞行高度距地面为 5m，拍摄时无人机镜头垂直地面，选择相机触发顺序采集每张相邻图像间距以使 2 个传感器轴的图像重叠>85%。卫星地图与实际区域之间会存在偏差，规划航线时选择飞行器选点，航拍区域完全覆盖目标区域（李晓鹏等，2017）。通过平板电脑载入已规划完成的航线任务，飞行航线为"S"形（图 2-4）。由于一次任务拍摄航点有限，所以在区组中间设置了一个控制点。照片尺寸 4 000dpi×3 000dpi，存储格式为 JPEG。

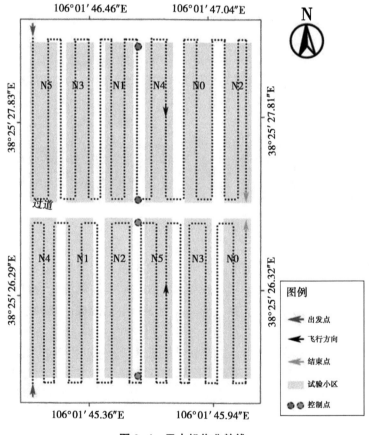

图 2-4　无人机作业航线

2.2.3.5 玉米归一化冠层覆盖系数提取

作物冠层图像的 RGB 像元其本质是对红光通道归一化标准值（R）、绿色通道归一化标准值（G）和蓝光通道归一化标准值（B）3 个波段反射光强的量化表达（贺英等，2018），以此来反映作物冠层叶片对光的反射特性。本研究利用手机相机获取玉米冠层图像包括玉米冠层和土壤部分，如果对原始图像直接进行 R、G、B 波段信息的提取，由于土壤的存在，其结果会影响到玉米冠层参数对光响应参数诊断的准确性（楚光红，2016）。因此，本研究采用前人冠层图像修正方法（贾彪等，2016；李红军，2017；Vázquez-Arellano et al.，2018），通过土壤调整植被指数（Soil Adjusted Vegetation Index，SAVIgreen）计算玉米归一化冠层覆盖系数（CC）（贾彪等，2016；李红军等，2017；Wang et al.，2014）。

玉米冠层图像特征参数 CC 提取过程与步骤：将手机采集的玉米冠层图像传输至计算机，使用基于 Visual Studio 平台、Visual C++ 和 MATLAB 软件开发的数字图像分析系统（贾彪等，2016），将玉米冠层图像与土壤进行分割（Wang et al.，2014），提取分割处理后图像的 R、G、B 各通道的像元均值（贾彪等，2016；李红军等，2017；Wang et al.，2014）。其结果如图 2-5 所示，图中 a 为原始冠层图像，b 为分割去除土壤背景后的玉米冠层图像，c 为软件计数提取 CC 的过程，将玉米冠层图像分割为 4 层（贾彪等，2016），其中绿色代表光照冠层，蓝色代表阴影冠层，黑色代表光照土壤层，暗绿色代表阴影土壤层。

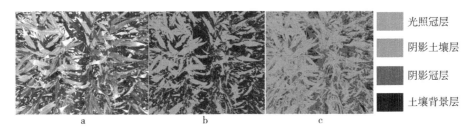

光照冠层

阴影土壤层

阴影冠层

土壤背景层

a   b   c

图 2-5 玉米归一化冠层覆盖系数 CC 提取

2.2.3.6 玉米冠层图像其他特征参数筛选

若对作物冠层图像特征参数标准化、归一化和组合计算，可筛选出很多种非常有用的图像特征参数（李红军等，2017；Woebbecke，1995）。本研究筛选与作物农学参数具有较高的相关性、归一化的特征参数 r、g、b、CC 和 ExG 作为玉米冠层特征参数（表 2-3），来建立玉米冠层图像特征参数与光响应过程特征参数的关系模型。

表 2-3　玉米冠层图像特征参数选取

冠层图像特征参数	公式
归一化冠层覆盖系数（CC）	$CC = \dfrac{(1 + L)(G - R)}{G + R + L}$
红光通道归一化标准值（r）	$r = \dfrac{R}{R + G + B}$
绿光通道归一化标准值（g）	$g = \dfrac{G}{R + G + B}$
蓝光通道归一化标准值（b）	$b = \dfrac{B}{R + G + B}$
超绿值（ExG）	$ExG = 2g - r - b$

采用 ORB（Oriented FAST and Rotated BRIEF）算法进行无人机采集图像的合成。ORB 算法是将 FAST（Features from Accelerated Segment Test）机器学习的角点检测方法与 BRIEF（Binary Robust Independent Elementary Features）特征描述之结合，通过改良并进行优化，保留图像特征，拟合形成 ORB 算法。如图 2-6 所示，拍摄照片的位置不同、角度发生改变，导致重叠区发生微量明暗亮度数值的变化，拼接图像在接缝处出现明显"边缘效应"，为了解决上述问题，本书结合基于距离的加权平均的融合算法，通过计算重叠区域中的点到重叠区域左边界和右边界的距离比值来得到相应的权值，重叠区域的像素点值 $f(x, y)$ 如下述公式所示（刘婷婷等，2018）。

$$f(x,y) = \frac{d1}{d1 + d2} \times f1(x,y) + \frac{d2}{d1 + d2} \times f2(x,y) \qquad (2-8)$$

图 2-6　图像边缘效应

通过重叠区域部分像素数值相应权重相加，减少色彩和亮度差，可缓解图像的不自然，使图像呈现平滑质感。本研究还利用 Python 和 Open CV（Open Source Computer Vision Library）面向对象的程序设计语言对图片颜色域进行识别，用于玉米幼苗与土壤背景的快速性分离运算。

2.2.3.7　机器学习网格搜索法对修正模型的拟合方法流程

通过寻找最优的超参值组合，进一步提高模型的性能。本书使用机器学习网格搜索法来实现直角双曲线修正模型精度的优化，通过指定不同的超参列表进行穷举搜索，并评估每个组合对模型性能的影响，获得参数的最优组合。本研究将玉米光响应曲线参数可能的取值进行排列组合，列出所有可能的组合结果生成"网格"。尝试拟合函数所有参数组合后，返回一个合适的分类器，自动调整至最佳参数组合，从而得到最优参数（图2-7）。

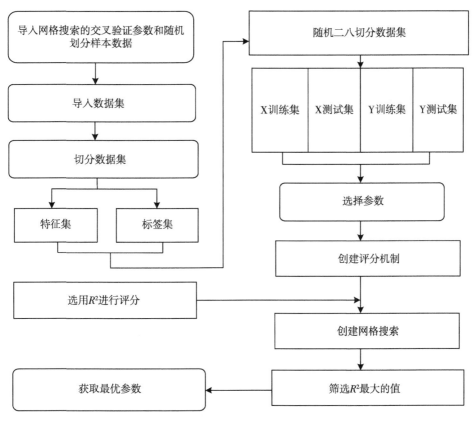

图2-7　机器学习网格搜索法流程

2.2.4　其他参数测算

2.2.4.1　有效积温测算

气象数据来自各试验基地气象站，有效积温（GDD）是对作物生长发育起作用的部分温度的总和，代表着作物生长发育过程中累积的热量，它直接决定了作物的物候期形成和生长速度，是衡量热量条件对作物生长发育影响的重要标尺。GDD 计算需实时获取玉米整个生育期内单位时间内平均温度等气象数据。研究宁夏地区玉米生物学零度为 8℃，玉米生长的下限温度为 $T_{\min}=8℃$，生长的上限温度为 $T_{\max}=35℃$。

玉米各生长发育阶段的有效积温的计算公式如下：

$$GDD = \sum_{i=1}^{n} (T_i - T_{\min})$$

$$T_i = \frac{T_x^* + T_n^*}{2}$$

$$\begin{cases} T_x^* = T_{\max} & T_x^* \geqslant T_{\max} \\ T_x^* = T_{\min} & T_x^* \leqslant T_{\min} \\ T_x^* = Tx & T_{\min} \leqslant T_x^* \leqslant T_{\max} \end{cases} \tag{2-9}$$

$$\begin{cases} T_n^* = T_{\max} & T_n^* \geqslant T_{\max} \\ T_n^* = T_{\min} & T_n^* \leqslant T_{\min} \\ T_n^* = T_n & T_{\min} \leqslant T_n^* \leqslant T_{\max} \end{cases}$$

式中，GDD 为有效积温，T 为单位时间段平均温度，一般为 1h 的平均温度；$T_{\min}$ 是最小值温度；$T_{\max}$ 是最大值温度；T_i 是平均温度；T_x^* 是适宜最高温度；T_n^* 是适宜最低温度。据此，又对玉米生长期的积温进行归一化处理：

$$RGDD = \frac{GDD_t}{GDD_{\max}} \tag{2-10}$$

式中，GDD_t 为第 t 天归一化后的生长期数值，$RGDD_t$ 取值范围为 0~1，$GDD_{\max}$ 为整个生育期的最大积温。

2.2.4.2　植株氮含量测定

将各处理玉米植株分器官烘干至恒重，粉碎、研磨和过筛，利用消煮液和 H_2SO_4-H_2O_2 凯氏定氮仪测定植株全氮含量，最后计算。

2.2.4.3　穗形态参数测定

取样时间：玉米吐丝期开始第一次取样，然后每隔 10d 取样 1 次，共取 5 次。

穗体积：玉米果穗用相同大小的保鲜膜包裹，完全置于注水烧杯，读取烧杯水位差，计算容积，数学转换为玉米果穗体积值，各处理测量 3 次。

穗长与穗粗：玉米果穗长为基部至顶部距离，用直尺测量；穗粗为果穗中部直径，用游标卡尺测量，各处理测量 3 次。

2.2.4.4 叶面积测算与 *LAI* 归一化

各处理在苗期、拔节期、吐丝期、吐丝期后 30d、蜡熟期和成熟期取样，玉米叶面积测算为叶长×叶宽×系数，展开叶系数为 0.75，未完全展开叶系数为 0.5（张宾等，2017）。将整个生育期最大叶面积指数（LAI_{max}）定为 1，对生长期和 *LAI* 作归一化处理（李书钦等，2017）

2.3 数据分析与模型评价

本试验共设 3 个区组，选用 1 区组试验数据进行建模，另一区组独立的试验数据进行模型检验；采用 Excel 2016 进行数据整理与分析，运用 R3.5.2 进行相关性分析作图，运用 Origin 8.5 进行模型拟合与作图。选取决定系数（R^2）、均方根误差（*RMSE*）及平均绝对误差（*MAE*）对模型精度进行评价，其中 *RMSE* 和 *MAE* 越小、R^2 越接近于 1，模型的精度越高。模型检验表达式如下。

$$R^2 = 1 - \frac{\sum_{i=1}^{n} (O_i - S_i)^2}{\sum_{i=1}^{n} (O_i - \overline{O})^2} \qquad (2-11)$$

$$RMSE = \sqrt{\frac{\sum_{i=1}^{n} (O_i - S_i)^2}{n}} \qquad (2-12)$$

$$MAE = \frac{1}{n} \sum_{i=1}^{n} |O_i - S_i| \qquad (2-13)$$

式中，O_i 是观测值，S_i 是模拟值，$\overline{O}$ 是观测值的平均值，n 是样本数，也可通过 1:1 直线及其回归方程决定系数（R^2）直观展示模拟值与实测值的精确度。

3 基于手机图像的滴灌玉米光响应曲线特征参数研究

作物光响应曲线的特征参数是其光合作用过程中最重要的指标（Fang et al., 2015；Chen et al., 2011；Fan et al., 2015），也是表征作物冠层叶片养分利用和生理特性的重要参数（Fang et al., 2015），能充分反映作物氮素营养分配及其对光合作用的影响（Fang et al., 2015；Chen et al., 2011；Larocque, 2002；王帅等，2014）。适量施氮可提高作物叶片对光的响应能力，调节光响应曲线特征参数，进而提高 Pn（Lamptey et al., 2017；Li et al., 2017；Zhang et al., 2016；Ding et al., 2005），通过分析 PAR 和 Pn 间的特性，可得到表观量子效率（Apparent Quantum Efficiency，α）、最大净光合速率（Maximum Net Photosynthetic Rate，Pn_{max}）、光补偿点（Light Saturation Point，LSP）、暗呼吸速率（Dark Respiration Rate，Rd）等光响应曲线特征参数（Fang et al., 2015；Chen et al., 2011；Fan et al., 2015）。通常作物光响应的特征参数需要通过光响应曲线测算得出（Fang et al., 2015；Chen et al., 2011；Fan et al., 2015），此方法较为通用，但耗时费力，测算过程长，难以满足大面积快速测定的需求。因此，急需一种快速无损、省时高效的光响应特征参数测算方法（Walter et al., 2017）。

目前，随着各种成像监测设备精度的提高与光谱分析技术的日益成熟，国内外学者使用农业遥感技术对作物的光合生理监测得到一定的应用。如 Moualeu 等（2016）利用净同化率（Net Assimilation Rate，NAR）与 Ci 曲线估测了 8 种光照条件下不同叶龄黄瓜叶片光合参数的新方法，估算效果较好；Jin 等（2012）建立了不同尺度的植被指数与光合生理参数最大羧化速率（V_{cmax}）的关系模型，反演了光合参数的季相变化。Gamon 等（2013）通过对光化学植被指数的研究发现，光化学植被指数可用于探测植被光合生理参数最大羧化速率和气孔导度的变化。陈俊英等（2018）采用低空无人机搭载多光谱成相机反演花蕾期棉花光合参数，提取棉花冠层光谱反射率信息，建立光谱信息与棉花不同的光合参数，如 Pn、Gs、Tr 和 Ci 等反演模型；Gamon 等（2013）通过测量区域可见光光谱数据，建立大豆植株群体 Pn 预测模型，实现了利用可见光光谱预测大豆植株群体 Pn。张雨晴等（2019）利用光谱分析技术对拔节期

玉米叶片 Pn 进行检测，建立线性回归模型，探求出玉米叶片 Pn 的快速无损检测方法；程麒等（2012）利用先进的 Fluke 红外热像仪获取棉花关键生育时期冠层的红外热图像，建立了一种基于红外热图像的棉花冠层水分胁迫指数与光合参数的关系模型，提供了一种高分辨率空间信息的手段对作物光合作用进行监测。然而光谱仪和热成像仪价格高昂、普及性差，随着数字图像处理技术的日趋成熟，采用数码照相获取作物数字图像在水稻、小麦（Baresel et al., 2017）、棉花（Jia et al., 2014；贾彪等，2016；Yang et al., 2017）、玉米（牛庆林等，2018）长势监测等领域已初见成效，利用手机照相对作物的光响应参数进行监测的研究鲜有报道，且利用手机相机对作物进行监测具有便于携带、易操作、普及性强、分辨率和性价比高等优势，故本研究以宁夏引黄灌区滴灌水肥一体化玉米为研究对象，在平吉堡农场开展不同氮素处理试验。采用手机相机获取玉米冠层图像，LI-6400XT 光合测定系统测定大喇叭口期玉米叶片光响应曲线，并计算光响应曲线的特征参数，分析玉米冠层数字图像特征参数与光响应特征参数间的相关关系，建立了基于手机相机的玉米光响应参数关系模型，并通过独立试验数据和相关评价指标对模型进行评价，探讨利用手机冠层图像特征参数反演玉米光响应曲线的特征参数，为作物光合生理机制与作物信息学的交叉研究提供方法和思路。

3.1　建模思路与材料方法

建模试验详见第 2 部分 2.2.2 试验 1 的试验设计。

测试项目与方法详见第 2 部分 2.2.3.1 玉米叶片光响应特征参数计算；2.2.3.3 玉米冠层图像获取；2.2.3.4 中玉米归一化冠层覆盖系数提取；2.2.3.6 玉米冠层图像其他特征参数筛选。

数据处理与模型评价详见第 2 部分 2.3 数据处理与模型评价。

3.2　研究结果与分析

3.2.1　施氮对手机图像特征参数的影响

由图 3-1 可知，在玉米大喇叭口期，通过手机获取的玉米冠层图像中，各氮素处理间提取的玉米冠层图像特征参数随着施氮量的不同，差异比较明显，其中特征参数 CC 与 B 随着施氮量的增加均呈正态分布，且未出现异常；随着施氮量的增加 CC 与 B 的动态变化趋势相似，均呈现出先增加后降低趋势，且高氮处理 N5 降幅较低（图 3-1a、图 3-1d）；其他 3 个图像特征参数 R、G 和超绿值（ExG）随施氮量的增加发生的动态变化关系与 CC 相反，随着施氮量的增加先减小后增加，高氮处理 N5 升幅较小（图 3-1b、图 3-1c、图 3-1e）。

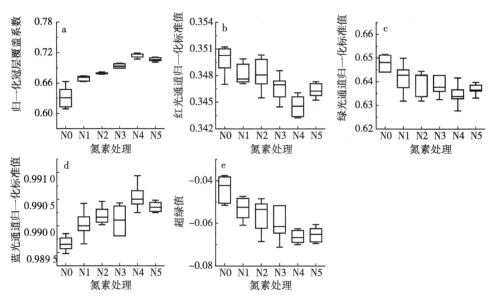

图 3-1 冠层图像特征参数随施氮量变化箱线图

3.2.2 施氮对光响应特征参数的影响

由图 3-2 可知，在不同施氮量下，玉米大喇叭口期各光响应特征参数随施氮量的增加产生差异性，光响应特征参数 α、Pn_{max}、LCP 和 Rd 等指标与 CC 动态分布相似，均呈正态分布，且未出现异常，各氮素处理间差异也比较明显，随着施氮量的增加呈现出先增加后降低趋势，且高氮处理 N5 降幅较低。

从图 3-1 和图的 3-2 结果看，各特征参数均以 N0 处理表现最低，N4 最高。高氮处理（N3、N4、N5）的光响应参数明显高于低氮处理（N0、N2、N2），故合理施氮可提高玉米的光响应特征参数进而提高玉米的光合作用能力，然而过量施氮肥不一定能促进玉米光合作用。

3.2.3 手机图像特征参数与光响应特征参数间相关性分析

运用 R3.5.2 统计软件对玉米大喇叭口期冠层图像特征参数（CC、R、G、

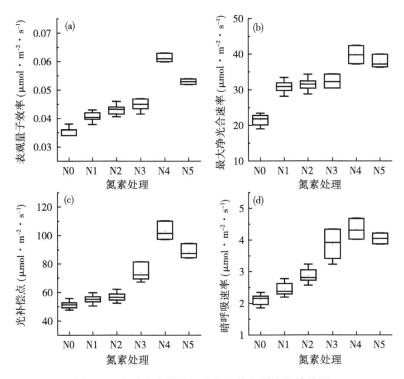

图 3-2　光响应曲线特征参数随施氮量变化箱线图

B、ExG) 与光响应曲线特征参数（α、Pn_{max}、LCP、Rd）进行了相关性分析。由图 3-3 可知，本研究筛选出的 5 个数字图像特征参数与 4 个玉米光响应特征参数呈显著相关性，且各参数间均在 $P<0.001$ 水平下呈极显著相关。其中冠层图像特征参数 CC 和 B 与玉米光响应曲线的特征参数 α、Pn_{max}、LCP、Rd 间呈极显著正相关，其他图像特征参数 R、G 和 ExG 与 α、Pn_{max}、LCP、Rd 间呈极显著负相关。玉米冠层图像特征参数中，CC 与玉米 4 个光响应曲线的特征参数相关性最好，其相关系数与 Pn_{max} 最高，达到 0.93，与 LCP 相对较低，为 0.83；b 与玉米光响应曲线的特征参数的相关系数均较 CC 次之，与 Pn_{max} 最高，达到 0.75，与 Rd 最低，为 0.68；其余的图像特征参数均与光响应参数呈极显著相关，以 ExG 最低，相关系数都在 0.52 以上。

3.2.4　基于 CC 的玉米光响应特征参数动态模型建立

在玉米大喇叭口期，CC 与光响应特征参数均在 $P<0.001$ 水平显著相关，且

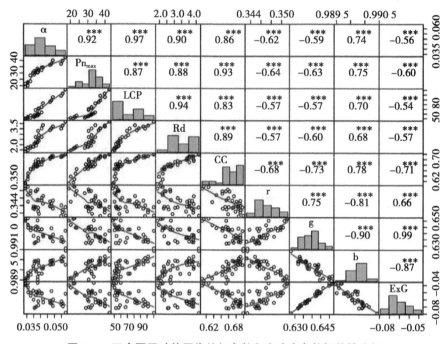

图 3-3 玉米冠层叶片图像特征参数和光响应参数相关性分析

注：对角线上部表示各参数间 Pearson 相关系数，星号表示显著性水平（*** 代表 $P <$ 0.001）；对角线下部为各参数间散点关系图。

高于其他图像特征参数，随着施氮量的增加 CC 与各光响应参数呈现出相似的变化趋势（图 3-1），因此，以 CC 为自变量，运用 Origin 软件建立 CC 与 α、Pn_{max}、LCP、Rd 等光响应特征参数非线性回归函数关系模型，并根据模型评价指标 R^2、$RMSE$ 和 $nMRSE$ 筛选出评价指标较高和具有生物学意义的最优动态模型。如图 3-2 所示，CC 与表观量子效率 α 的最优模型为有理函数，其决定系数 R^2 为 0.943；与最大净光合速率 Pn_{max} 最优模型为幂函数模型，其 R^2 为 0.891；与 LCP 的最优模型为指数函数模型，其 R^2 分别为 0.915；与 Rd 的最优模型为二次函数多项式，其 R^2 值为 0.876。与 LCP 的决定系数最高，与 Rd 的决定系数最低。故由模型的拟合结果看，实验手机获取玉米冠层图像，提取的冠层图像特征参数 CC 能较好地拟合光响应特征参数，可能实现对玉米光响应过程进行快速无损监测（图 3-4）。

3.2.5 模型评价与检验

本试验共设 3 个区组，在玉米大喇叭口期每个区组采集 18 组数据，选用 1

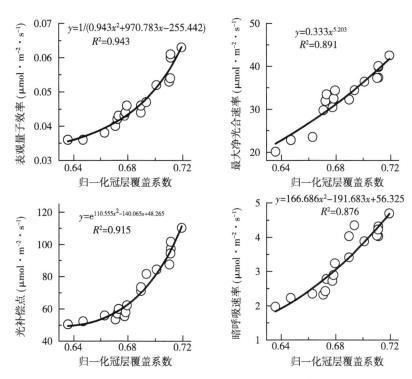

图3-4 基于 *CC* 的玉米大喇叭口期光响应特征参数模型

区组试验数据进行建模，另一区组独立的试验数据进行模型检验；采用 Excel 2016 进行数据整理与分析，运用 R3.5.2 进行相关性分析作图，运用 Origin 8.5 进行模型拟合与作图。本研究选用 R^2、*RMSE* 及 nRMSE 等指标对宁夏滴灌水肥一体化玉米图像特征参数 *CC* 与光响应特征参数间的动态模拟模型进行了评价和验证，其评价和检验结果如表 3-1 所示，由建模集数据与验证集数据两组数据进行评价和检验的结果可以看出，模型的模拟效果均较好，依次为 $\alpha > LCP > Pn_{max} > Rd$，其中 *CC* 与 *LCP* 效果最好，其建模集与验证集的 R^2 分别为 0.915 和 0.911，*RMSE* 分别为 3.673μmol·m^{-2}·s^{-1} 与 5.989μmol·m^{-2}·s^{-1}，nRMSE 为 5.062%和 8.495%。

表3-1 模型评价与检验

光响应曲线特征参数	建模集 （$n=18$）			验证集 （$n=18$）		
	R^2	*RMSE* （μmol·m^{-2}·s^{-1}）	nRMSE （%）	R^2	*RMSE* （μmol·m^{-2}·s^{-1}）	nRMSE （%）

光响应曲线特征参数	建模集（$n=18$）			验证集（$n=18$）		
	R^2	$RMSE$（$\mu mol \cdot m^{-2} \cdot s^{-1}$）	$nRMSE$（%）	R^2	$RMSE$（$\mu mol \cdot m^{-2} \cdot s^{-1}$）	$nRMSE$（%）
α	0.943	0.002	3.102	0.884	0.003	6.693
Pn_{max}	0.891	1.938	5.902	0.874	2.244	7.051
LCP	0.915	3.673	5.062	0.911	5.989	8.495
Rd	0.876	0.302	9.071	0.833	0.344	9.659

由图 3-5 模拟值与实测值的 1∶1 图可知，不论是建模集拟合值与实测值，还是验证集的拟合值与观测值，基于手机照相获取的滴灌玉米冠层图像特征参数 CC 对光响应曲线的特征参数反演具有一定的准确性和可靠性，为快速、大面积的获取玉米光合特征参数，了解玉米光合状况有一定的现实意义。

3.3　讨　论

叶片是作物获取光合作用的主要器官（李理渊等，2018；楚光红等，2016；Wang et al.，2013），合理施氮可增加玉米的叶面积（楚光红等，2016；Wang et al.，2013），进而增加图像归一化冠层覆盖系数（Jia et al.，2014；贺英等，2018），提高玉米的光合能力（李理渊等，2018；楚光红等，2016；Wang et al.，2013）、光合生理过程（Lamptey et al.，2017；Li et al.，2017；Zhang et al.，2016；Ding et al.，2005）以及光响应生理参数（王帅等，2014）。本研究诠释了玉米冠层图像特征参数和光响应曲线特征参数均与各氮素处理间存在着明显的差异性，冠层图像特征参数随施氮的变异范围从大到小排序依次是 $CC>R>ExG>G>B$（图 3-1）。随着施氮量的增加，玉米光响应特征参数 α、Pn_{max}、LCP 和 Rd 所呈现出的动态变化规律与 CC 相似（图 3-2），先升高后降低。相关性分析表明，宁夏引黄灌区滴灌玉米大喇叭口期冠层图像特征参数 CC 与其光响应特征参数具有最高的相关性（图 3-3），其他的玉米冠层图像特征参数与光响应曲线特征参数的相关性也较高，如红光通道归一化标准值（R）与光响应特征参数间呈显著负相关，其原因是随着施氮量的增加叶片的叶绿素含量增加绿色程度增强（Jia et al.，2014；Li et al.，2010；Wang et al.，2014），光合能力也增强（楚光红等，2016）。而红光则在叶片中的比例减少，造成 R 值降低（Wang et al.，2013）。该结果为基于手机成像获取作物冠层图像特征参数来预测作物光响应参数提供了一个重要的理论依据，为进一步建立图像特征参数和光响应参数的关系模型提供了

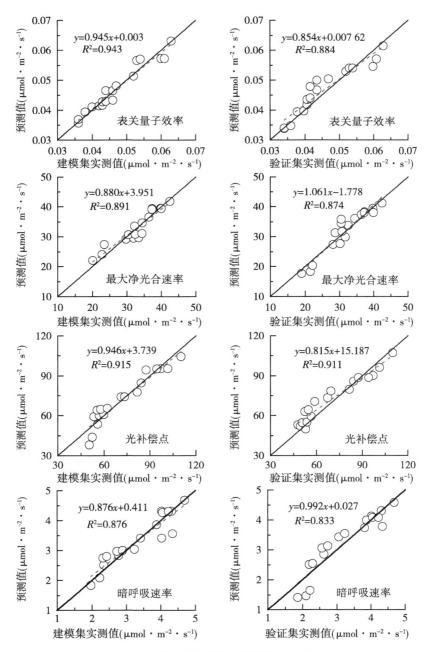

图3-5　光响应曲线的特征参数1∶1图

一定的理论基础。由于农学参数较大的变化会引起变异范围较小的作物冠层图像特征参数变化，所以在选择最佳冠层参数时要同时考虑相关性高和变异范围较大的参数。因此，本研究选取玉米冠层数字化图像特征参数 CC 来反演光响应曲线的特征参数 α、Pn_{max}、LCP 和 Rd。

基于图像处理的作物长势监测模型研究很多（Jia et al., 2014；Yang et al., 2017；李红军等，2017；Li et al., 2010；Wang et al., 2014；Vázquez-Arellano et al., 2018），其中 Jia 等和 Wang 等建立了基于冠层覆盖度的棉花长势监测与水稻氮素营养诊断模型（Jia et al., 2014；Woebbecke et al., 1995；Yang et al., 2017；Li et al., 2010；Wang et al., 2013），陈俊英等和张雨晴等建立了基于无人机多光谱、叶绿素荧光光谱的玉米 Pn、Gs、Tr 和 Ci 之间的关系模型（陈俊英等，2018；Jin et al., 2012），这些研究为基于手机照相技术对作物光响应特征参数的反演和模型建立提供了充分的理论基础，说明手机照相获取作物冠层图像，提取图像特征参数完全可实现对作物光合参数的监测。本研究并未通过图像特征参数反演玉米的光饱和点（Light saturation point，LSP），其主要原因是玉米属于 C4 作物，在宁夏地区自然光下光强一般最高不超过 1 700μmol · m^{-2} · s^{-1}，达不到玉米生长正常情况下的 LSP。因此，本研究通过对手机相机获取玉米冠层图像，建立的基于 CC 宁夏滴灌玉米光响应生理参数反演模型（图3-4）中未涉及 LSP，其他参数最佳反演模型的 R^2 都达到了 0.87 以上，$RMSE$ 的值介于 0.002 ~ 3.763μmol · m^{-2} · s^{-1}，$nRMSE$ 的值为 3.102%~9.071%（表3-1），且通过独立的数据对模型进行检验，结果表明各模型的 R^2 值均大于 0.74，$RMSE$ 值均小于 5.989μmol · m^{-2} · s^{-1}，$nRMSE$ 值均不超 9.659%（表3-1）。这充分说明冠层图像特征参数 CC 能较好地反演玉米光响应曲线特征参数，可实现对玉米光响应曲线特征参数的大面积快速监测。

国际上目前较通用的光响应特征参数获取设备为 Li-6400 便携式气体交换测量系统，仪器昂贵且不易操作，数据获取易受作物生长环境的影响（Yang et al., 2017），且部分参数需要通过光响应曲线计算得出（Fang et al., 2015；Chen et al., 2011；Fan et al., 2015），费时费力，时效性差。本研究通过数字图像特征参数反演作物光响应特征参数，解决了玉米光合监测过程中遇到的难题，同时玉米作为高茎作物，其株高可达 3m 以上，本研究采用自主研发的便携式手机图像采集系统装置，便捷、易操作、普及性高、农户易接受，获取的冠层图像参数可快速反映作物的光合生理过程、光合能力，对了解作物生长发育具有重要意义（Yang et al., 2017；李理渊等，2018）。本研究仅对玉米大喇叭口期的光响应特征参数进行了反演研究，对于玉米其他各生育时期的光响应特征参数动态变化规律是否可通过手机图像进行反演有待进一步研究。

3.4　结　论

　　施氮量不同对手机图像特征参数和光响应特征参数的影响不同，图像 CC 与光响应参数随着施氮量的增加具有相似的变化趋势，当施氮量不超过 $360\text{kg}\cdot\text{hm}^{-2}$ 时，施氮可提高 CC 与光响应参数；当施氮量达到 $450\text{kg}\cdot\text{hm}^{-2}$ 时则呈现出下降趋势，但降幅较小，说明适量施氮可以提高玉米叶片光合作用。

　　不同氮素处理下，玉米大喇叭口期的冠层图像特征参数与光响应曲线特征参数相关性较高，依次为 $CC>B>G>R>ExG$，其中 CC 与光响应特征参数的相关性最高，说明 CC 可反演玉米光响应参数。

　　建立了基于 CC 的滴灌玉米光响应特征参数关系模型，并根据模型评价指标 R^2、$RMSE$ 和 nRMSE 筛选出各光响应参数的最优模型。CC 与 α 的最优模型为有理函数模型，与 $Pn_{\max}$ 最优模型为幂函数模型，与 LCP 最优模型为指数函数模型，与 Rd 以二次多项式模型为最优；各反演模型的 R^2 均大于 0.876，$RMSE$ 介于 $0.002\sim3.673\mu\text{mol}\cdot\text{m}^{-2}\cdot\text{s}^{-1}$，nRMSE 低于 10%，且各模型验证集的 R^2 均大于 0.833，$RMSE$ 均小于 $5.989\mu\text{mol}\cdot\text{m}^{-2}\cdot\text{s}^{-1}$，nRMSE 不超过 9.659%，模型拟合效果较好。

4 基于机器学习的滴灌玉米光合响应特征

　　光合作用是作物光合生产力大小的重要生理生态过程（Li et al., 2015; Chen et al., 2011; Fan et al., 2015; Larocque, 2002），可反映作物在不同生长条件下的生理生态状况（Larocque, 2002; Stewart et al., 2003; 武文明等, 2017）。而净光合速率是反应作物光合能力的主要指标（马莉等, 2018），光响应曲线则是研究作物净光合速率随着光合有效辐射变化的模型，通过光响应曲线模拟可以得到一些不同生理过程及生态环境变化的重要参数（Gardiner et al., 2001），大量研究指出直角双曲线修正模型是拟合各种不同处理条件下光响应动态变化规律的最优模型，而如何精准计算光合参数和提高模型精度是模型应用的难点（Ye, 2007; Ye et al., 2013a, 2013b）。近年来，随着人工智能技术发展，机器学习方法越来越多地应用于作物建模。基于机器学习方法可进行作物钾素等的营养诊断（Zhai et al., 2013）、SPAD 值的含量监测（王丽爱等, 2015; 依尔夏提·阿不来提等, 2019），其预测精度均高于传统回归方法。曾继业等（2017）选用机器学习的近似贝叶斯法来确定 Farquhar 光合模型的生理参数，发现模拟值和实测值的线性回归曲线斜率 1.04 与理论值 1.0 基本保持一致。钾素作为影响玉米光合代谢变化的重要因子，直接参与光合磷酸化等光合产物的运输过程（Singh et al., 2018）。研究表明，作物缺钾会明显影响叶绿素的合成，引起作物叶脉叶尖黄化和卷曲，加速叶片衰老。低钾胁迫会破坏叶片光合器官，使作物净光合速率下降，叶片气孔关闭，核酮糖 1,5-二磷酸羧化酶活性下降，籽粒明显减少。同时，使 PSⅡ 反应中心受损，导致 Fv/Fm、实际光化学量子产量 ΦPSⅡ、qP 下降。适量施钾肥可提高叶片光合速率和蒸腾效率，增强叶片气孔调节能力，还能提高叶片光合酶活性和氮代谢酶活性，加速作物对氮素的吸收和同化作用（Kanai et al., 2007; Qu et al., 2011; Wang et al., 2015）。前人的研究丰富了基于机器学习的作物预测模型的建立方法，为作物光响应曲线模型精度的提高提供了新思路，但近似贝叶斯法在数据拟合时易出现过拟合问题，而机器学习网格搜索法将估计函数的参数通过交叉验证的方法进行优化，可避免近似贝叶斯法的缺点（曾继业等, 2017）。目前，国内外关于钾肥在玉米叶绿素、荧光、光合等方面研究相对较多（李义博等，2017；Zhai et al.，2013；王丽爱等，2015），而钾肥对玉米光响应曲线的关系研究较少。本研究从不同钾肥水平下研究吐丝期玉米叶片光响应曲线特征，选用直角双曲线修正模型，采用网格搜索的机器学习法来计算最优参数，提高模型精度，为研究宁夏干旱半干旱地区滴灌玉米光合生理机制及光合响应特征提供了新思路。

4.1　建模思路与材料方法

建模试验详见第 2 部分 2.2.2.2 试验 3 的试验设计。

测试项目与方法详见第 2 部分 2.2.3.1 玉米光合响应曲线测定；2.2.3.2 作物光合响应模型；2.2.3.7 机器学习网格搜索法对修正模型的拟合。

数据处理与模型评价详见第 2 部分 2.3 数据处理与模型评价。

4.2　研究结果与分析

4.2.1　不同钾肥处理下玉米吐丝期光响应曲线动态变化特征

由图 4-1 可知，2017—2018 年玉米吐丝期 Pn 随钾肥施用量增加的变化规律近乎一致。2 年的数据表明，不同钾肥施用条件下，玉米在 $PAR<1\,000\mu mol \cdot m^{-2} \cdot s^{-1}$ 时，Pn 随 PAR 的增加呈直线迅速增加；当 $PAR>1\,000\mu mol \cdot m^{-2} \cdot s^{-1}$，$Pn$ 随 PAR 的增加而迅速减缓，最后趋于稳定。

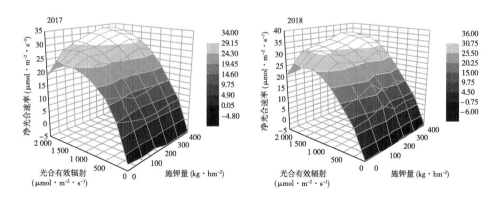

图 4-1　不同施钾量下 Pn 对 PAR 的响应

在玉米吐丝期，钾肥施用量小于 360kg·hm^{-2}（K4）时，随着钾肥施用量和 PAR 的增加，玉米的 Pn 逐渐升高，当施肥量达到 450kg·hm^{-2}（K5）时，玉米的 Pn 反而低于 360kg·hm^{-2}（K4）处理。低肥（K1）处理和 CK 条件下，$PAR >$ 1 500μmol·m^{-2}·s^{-1} 时就达到光饱和，出现光抑制现象。由此可见，在一定的施肥范围内，适量的施钾肥有利于提高玉米叶片对 PAR 的响应，进而提高玉米叶片的光利用能力。

4.2.2 施钾对滴灌玉米吐丝期光合生理特性的影响

由图 4-2a、图 4-2b 可知，2 年间 Gs 随钾肥施用量和光照强度增加的变化规律基本保持一致。2 年不同施肥量下，玉米吐丝期的 Gs 随 PAR 增加从 0.012 增至 0.328mol·m^{-2}·s^{-1}，当 PAR 增加至 1 500μmol·m^{-2}·s^{-1} 时，Gs 趋于平缓并有下降趋势。当施肥量小于 360kg·hm^{-2}（K4）时，随着钾肥施用量和 PAR 的增加，Gs 逐渐升高，当施肥量达到 450kg·hm^{-2}（K5）时，Gs 反而低于 360kg·hm^{-2}（K4）处理，这与 Pn 的研究结果一致。不同处理的 Gs 和 Pn 呈正相关，随着 PAR 的升高，Pn 越大，气孔开放程度越大，从而增大叶片对二氧化碳的吸收，有利于提高玉米的光合效率。在 PAR 为 1 500μmol·m^{-2}·s^{-1} 时，K4 处理的气孔开放程度开始下降，与 Pn 的变化规律相符，同样说明适量的施肥有利于提高玉米光合速率，过量的施肥会出现光抑制现象。

由图 4-2c、图 4-2d 可知，Tr 的变化趋势与 Gs 几乎保持一致。2 年间 Tr 随着施肥量和光照强度的增加呈先快速升高后逐渐趋于平缓趋势。当 $PAR ≤ 200$ μmol·m^{-2}·s^{-1} 时，各处理差异不明显，随 PAR 的升高，K2、K3、K4、K5 4 个处理 Tr 曲线上升幅度较高，但 K0、K1 2 个处理表现相反，由于施肥量过低，随 PAR 的升高，为了保证正常生长，导致气孔开放程度减小，从而使 Tr 降低。

由图 4-2e、图 4-2f 可知，2 年间各处理玉米 Ci 均在 $PAR < 200$ μmol·m^{-2}·s^{-1} 时，Ci 下降幅度极大，在 PAR 为 200~1 500μmol·m^{-2}·s^{-1} 时，Ci 下降幅度减缓。这是由于在光强增大的初级阶段，玉米叶片 Pn 迅速增加，需要足够多的二氧化碳来做原料，从而进行光合作用。在 PAR 大于 1 600 μmol·m^{-2}·s^{-1} 时，光合作用增幅减缓，Ci 亦趋于平缓。2 年间各处理下降趋势为 K0>K1>K2>K3>K5>K4，说明施肥不足或者过量施肥引起气孔阻力增大，光合速率降低，从而导致 Ci 降低。

4.2.3 玉米吐丝期水分利用效率与呼吸效率对钾肥的响应

由图 4-3a、图 4-3b 可知，2 年的玉米叶片 WUE 在不同施肥条件下有明显差异，变化规律基本相似。2 年间各处理在 $PAR < 200$μmol·m^{-2}·s^{-1} 时，叶片

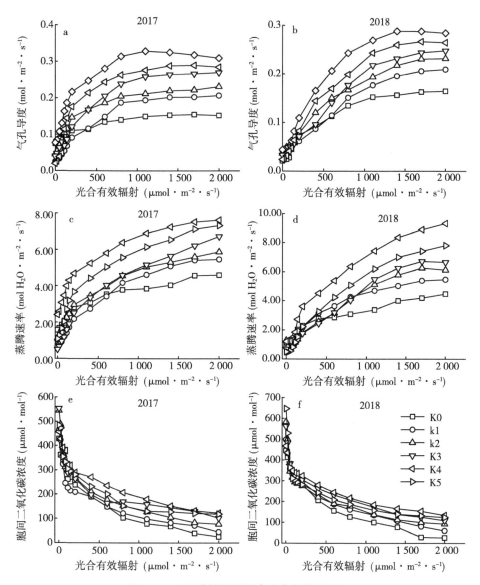

图 4-2 不同施钾量下玉米光合参数的比较

WUE 上升幅度极大，在 *PAR* 为 200~1 500 μmol·m⁻²·s⁻¹ 时，叶片 *WUE* 上升幅度减缓，当 *PAR* 大于 1 600 μmol·m⁻²·s⁻¹ 时，叶片 *WUE* 亦趋于平缓。低钾胁迫下（CK、K1）玉米叶片 *WUE* 较高，适量的钾肥（K4）和高钾（K5）处理下，结果相反。这可能与钾是控制叶片气孔开闭的重要因素有关，低钾胁迫下，植物叶片气孔开放程度较小，引起叶片光合速率降低，导致水分利用效率增大。

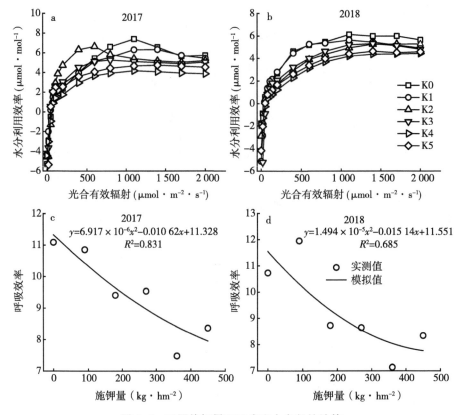

图4-3 不同施钾量下玉米光合参数的计算

由图4-3c、图4-3d可知，2年间玉米 RE 随钾肥施用量的增加变化明显，呈二次函数递减趋势，当施肥量小于 $360kg \cdot hm^{-2}$（K4）时，随着施钾量的增加，RE 逐渐减小，说明玉米在低钾胁迫下能够调节自身生理机制，降低呼吸消耗从而维持正常的生理功能。当施钾量为 $450kg \cdot hm^{-2}$（K5）时，RE 反而增加。说明过量的施肥量，导致植物生长过旺，会加速能量的消耗。

4.2.4 网格搜索法和非线性回归分析法对修正模型拟合度比较

运用基于机器学习的网格搜索法和非线性回归分析对直角双曲线修正模型进行拟合。采用 $RMSE$、MAE 和 R^2 误差计算的大小来判断模拟值和观测值之间的差异，$RMSE$、MAE 越小，R^2 越接近1，说明模型模拟精度越高；反之，则模拟精度越差。模型评价参数如表4-1所示，2种方法均能较好拟合各处理玉米光响应动态变化规律，R^2 均大于0.990，$RMSE$ 均未超过3.250，MAE 均未超过2.410，且 $RMSE$ 和 MAE 均随着施钾量的增加而逐渐减小。说明机器学习方法和传统非线性回归分析法对直角双曲线修正模型拟合效果相当，是模型拟合的较好方法。但机器学习网格搜索法在不施钾肥（K0）和低钾（K1）条件下模拟效果更加突出，其 R^2 均大于 0.991，$RMSE$ 均小于 1.487、MAE 均小于 1.350，其他处理下（K2~K5）机器学习模拟效果与传统方法的模拟效果接近，R^2 均大于 0.993，$RMSE$ 均小于 0.952、MAE 均小于 0.860，表明机器学习网格搜索法是提高直角双曲线修正模型精度的重要方法。

表 4-1　2 种计算分析方法对玉米光响应曲线的模拟精度

年份	方法	处理	$RMSE$ （μmol · m^{-2} · s^{-1}）	MAE （%）	R^2
2017	非线性回归分析法	K0	2.030	1.869	0.990
		K1	1.319	1.079	0.992
		K2	1.147	0.899	0.993
		K3	0.828	0.656	0.995
		K4	0.610	0.498	0.994
		K5	0.446	0.379	0.995
	网格搜索法	K0	1.335	1.096	0.993
		K1	1.312	1.092	0.993
		K2	0.952	0.622	0.994
		K3	0.708	0.617	0.995
		K4	0.546	0.504	0.996
		K5	0.662	0.557	0.995
2018	非线性回归分析法	K0	1.827	1.445	0.987
		K1	1.731	1.323	0.991
		K2	0.872	0.733	0.993
		K3	0.858	0.717	0.994
		K4	0.644	0.566	0.996
		K5	0.312	0.226	0.997
	网格搜索法	K0	1.487	1.350	0.991
		K1	0.975	0.860	0.993
		K2	0.839	0.716	0.993
		K3	0.774	0.620	0.995
		K4	0.750	0.637	0.996
		K5	0.330	0.315	0.996

4.2.5 基于网格搜索的机器学习法对滴灌玉米吐丝期光响应曲线参数计算

由表4-2可知，2年间玉米吐丝期光响应曲线的各光合参数随施钾量增加的变化规律几乎保持一致，随施钾量的增加 Pn_{max}、LCP、LSP 及 Rd 等光合生理特征参数均呈先增加后降低的趋势。其中 Pn_{max} 的变化范围为 23.96 ~ 34.65μmol·m^{-2}·s^{-1} 和 25.36~35.67μmol·m^{-2}·s^{-1}。在玉米吐丝期，K4 处理下的 Pn_{max} 值分别为 34.65μmol·m^{-2}·s^{-1} 和 35.67μmol·m^{-2}·s^{-1}，比 CK、K1、K2、K3、K5 分别提高了 40.6% ~ 44.6%、13.8% ~ 27.2%、8.7% ~ 12.9%、3.6% ~ 5%、1.1% ~ 1.9%，K4 处理下 LSP 达到最大，分别为 2 694.496 μmol·m^{-2}·s^{-1} 和 2 893.226 μmol·m^{-2}·s^{-1}，且 α 高于其他处理，可知在施肥量为 360kg·hm^{-2}（K4）时，玉米叶片光能转化率较高。当施肥量为 450kg·hm^{-2}（K5）时，光补偿点（Ic）和光饱和点（Is）分别比 K4 降低 20%~32% 和 9% ~ 17%。可知，施用适量的钾肥能明显提高玉米对强光的适应性及光能利用率，过低和过高的施钾量都会导致光合速率下降，说明施用适量的钾素能加速对氮素的同化吸收和利用。

表4-2 不同施钾量玉米光响应曲线光合参数

年份	处理	表观量子效率 (μmol·μmol^{-1})	最大光合速率 (μmol·m^{-2}·s^{-1})	光补偿点 (μmol·m^{-2}·s^{-1})	光饱和点 (μmol·m^{-2}·s^{-1})	暗呼吸速率 (μmol·m^{-2}·s^{-1})	决定系数
2017	K0	0.041	23.959	55.922	1 453.189	2.161	0.987
	K1	0.046	27.239	59.061	1 627.178	2.510	0.991
	K2	0.050	30.672	68.087	1 965.095	3.260	0.993
	K3	0.053	32.953	73.295	2 126.701	3.456	0.994
	K4	0.061	34.653	76.505	2 694.469	4.635	0.996
	K5	0.056	33.997	63.495	2 034.091	4.066	0.997
2018	K0	0.042	25.368	56.110	1 504.405	2.364	0.99
	K1	0.043	31.341	61.278	1 568.254	2.622	0.992
	K2	0.047	32.807	63.761	1 984.520	3.758	0.993
	K3	0.056	34.407	67.300	2 282.035	3.982	0.995
	K4	0.063	35.678	78.092	2 893.226	5.00	0.994
	K5	0.058	35.256	71.462	2 462.256	4.228	0.995

4.3　讨　论

　　光合作用是农作物生长发育和产量形成的基础，钾素能够直接参与农作物光合作用、电子传递等重要光合过程（Shankar et al., 2013）。研究发现，低钾条件下，钾离子能明显减弱 Gs，使气孔阻力增加，二氧化碳供应受阻，Tr 降低，阻碍作物正常生长；钾素能明显提高作物对氮素的吸收和利用，并很快转化为蛋白质（杜琪等，2019；Zhao et al., 2001；Zhao et al., 2016；夏乐等，2008；Shankar et al., 2013；Ali et al., 2018）。本研究结果表明，在玉米吐丝期，叶片施钾肥量小于 $360kg \cdot hm^{-2}$（K4）时，Pn、Gs、Tr 均随施肥量和光照强度的增加呈先迅速增加后趋于缓慢的趋势，而 Ci 相反。这是因为钾离子活性降低，在保卫细胞离子传输中，减少碳酸酐酶和水通道蛋白的通过，从而限制二氧化碳通过气孔和叶肉细胞的扩散。其中在 K0 和 K1 条件下，光合参数增加趋势缓慢且不稳定，分析其原因是玉米受低钾胁迫时，引起玉米光合酶和氮代谢酶活性下降，导致玉米植株不能正常生长。当施肥量达到 $450kg \cdot hm^{-2}$（K5）时，Pn、Gs、Tr 反而低于 K4 处理，这是由于土壤溶液中的高钾离子浓度会抑制玉米对镁的吸收，而镁是玉米叶绿体中主要的中心原子，进而导致玉米叶片光合速率下降（Trankner et al., 2018）。本研究结果发现，2018 年宁夏平吉堡玉米各处理穗位叶光合参数增长趋势普遍大于 2017 年，这是由于 2018 年降水充足，又恰逢玉米吐丝时期，玉米由营养生长转为生殖生长阶段，是玉米一生中生长最旺盛的阶段，导致 LSP 较高。在适宜的钾肥下，作物能有效利用水分，降低蒸腾作用。本研究表明，在玉米吐丝期，不施钾肥（K0）和低钾（K1）处理下的玉米叶片 WUE 较高，适量的钾肥（K4）和高钾（K5）处理下，结果恰好相反（图4-3）。这是由于玉米受低钾胁迫时，玉米叶片气孔开放程度较小，叶片光合速率降低，导致水分利用效率增大，但在高 PAR 下水分利用效率仍保持较高水平，表明玉米在受低钾胁迫时，能够通过自身生理调节来适应养分胁迫，维持一定的光合作用和较好的水分利用效率，从而保障正常生长（叶子飘等，2017）。

　　作物光合参数 α 可反映其对光能利用效率的大小，α 值的高低与作物叶片光能转化效率呈正比（Ye et al., 2013a, 2013b），Pn_{max} 是衡量作物叶片最大光合能力的指标（Miao et al., 2009；Sharp et al., 1984），而 Rd 和 LCP 是作物在逆境条件下自身的保护机制，通过降低 Rd 和 LCP 来获得最大碳积累，进而维持自身生长（叶子飘，2010）。在适宜生长条件下，作物光合参数 α 一般在 $0.04 \sim 0.07\mu mol \cdot \mu mol^{-1}$（Ye, 2007；Ye et al., 2013）。本研究结果表明，α 随施钾量的增加呈现先增加后降低的趋势，2017 年在 $0.041\sim0.061\mu mol\cdot\mu mol^{-1}$，2018 年在 $0.042\sim0.063\mu mol\cdot\mu mol^{-1}$，在过量施钾（K5）条件下会产生光合抑制现象，与赵丽（2018）等的研究结果一致，说明在 K4 条件下，玉米叶片吸收的光能和转化的光能色素蛋白体较多。本研究发现，Pn_{max}、Rd、LSP 和 LCP 均随着施钾量的增加呈先升高后降低的变化趋势，但降幅较小，在施肥量大于 $360kg\cdot hm^{-2}$（K4）时，开始下降。由此表明，适宜的施肥量有利于提高玉米叶片对弱光的利用能力，增强玉米叶片对 PAR 的适应性。

光响应曲线是精准反映作物光化学过程中的光化学效率高低的有效方法（Larocque，2002）。大量研究表明，直角双曲线修正模型是反映作物不同生长环境条件下光合特性的最优模型（Ye et al.，2013），但如何计算光合参数使模型达到最佳效果一直以来是科技工作者的难点（Ye，2007；Ye et al.，2013）。许多研究采用传统的非线性回归方法拟合直角双曲线修正模型，但运算过程烦琐且模型精度不高。而基于机器学习的网格搜索法简捷、快速，且能解决这一难题。如曾继业等（2017）选用近似贝叶斯法来获取 Farquhar 光合模型的生理参数，效果可观；依尔夏提·阿不来提等（2019）通过随机森林法估算 BP 神经网络和 PLSR 模型精度，结果表明 PLSR 模型精度高于 BP 神经网络。本研究采用基于机器学习的网格搜索法和传统的非线性回归法 2 种方法拟合，结果表明 2 种方法均能较好的拟合各钾肥处理下玉米光响应动态变化规律，模型的决定系数 R^2 均大于 0.990，由此可见，机器学习方法拟合效果与传统非线性回归分析法拟合效果相当，但机器学习网格搜索法在不施钾肥（K0）和低钾（K1）等钾肥胁迫条件下模拟效果优于传统方法，其 R^2 均大于 0.991，$RMSE$ 均小于 1.487，MAE 均小于 1.350，在 K2～K5 处理下机器学习模拟效果与传统方法的模拟效果接近，R^2 均大于 0.993，$RMSE$ 均小于 0.952，MAE 均小于 0.860。这主要是低钾胁迫下，玉米生长不稳定，传统的非线性回归方法在设定参数初始值范围时存在误差，而网格搜索法是在所有可能性范围内搜索最优参数，可找到一些因系统误差漏掉的有意义参数，从而改善模型精度。本研究通过机器学习方法仅对玉米吐丝期不同钾肥条件下的光响应曲线进行探讨，此方法较为通用，可作为其他各生育时期光合响应曲线的拟合方法。

4.4 结 论

玉米吐丝期，叶片光响应参数 α、Pn_{max}、Rd、LSP 和 LCP 对钾的响应趋势与光合参数相似，各处理在钾肥使用量达总量的75%（0kg·hm^{-2}、67.5kg·hm^{-2}、135kg·hm^{-2}、202.5kg·hm^{-2}、270kg·hm^{-2}、337.5kg·hm^{-2}）时，叶片光合参数 Pn、Tr 和 Gs 在 K4（360kg·hm^{-2}）达到最大，而 Ci、WUE 和 RE 则相反。施钾量为 360 kg·hm^{-2} 时，各处理光响应特征参数均达到最大。在低钾（K0、K1）胁迫下，机器学习的网格搜索法优于传统的非线性回归方法。

5 宁夏引黄灌区滴灌玉米穗位叶光响应特征研究

　　光合作用是作物生长发育的基础，玉米光合作用在不同生长条件下对光具有不同的响应特征（许大全，2002），通过光合光响应特征可有效掌握玉米光合机构的运转状况（Society，1935；Zheng et al.，2018），光响应曲线则描述了不同光强条件下光与 Pn 之间的关系，通过光响应曲线模型对光响应曲线进行拟合，进一步计算光响应参数可反映植物生理过程和得到对生态环境变化响应的重要光合生理参数（李力等，2016）。为定量研究玉米 Pn 对 PAR 的响应，前人已建立了诸多光响应曲线模型（叶子飘，2010），目前较为通用的模型有直角与非直角双曲线模型、直角双曲线修正模型和指数模型 4 种（Ye et al.，2013a，2013b；王帅等，2014），通过这 4 种模型拟合 PAR 和 Pn 间的动态变化关系，进一步分析计算可得到重要的光合生理参数，但模型参数计算的准确性主要取决于研究对象所选模型的类型。

　　植株氮浓度增加可调节光合色素结构，改善光系统 II 最大量子产率，减少非光化学猝灭，适量施氮肥可延迟植株叶片衰老，维持较高的光合速率（Zheng et al.，2018）。关于氮素与玉米光合作用的关系，目前已有大量报道（Gu et al.，2019；Lamptey et al.，2017），但国内主要集中在东北地区，探讨玉米在干旱胁迫（Markelz et al.，2011）、不同光质（Liu et al.，2016）及不同叶位（陈传永等，2010）等条件下与光响应曲线的动态关系，而西北宁夏引黄灌区，基于水肥一体化技术的玉米光响应曲线关系及模型的适用性研究报道较少。本研究以宁夏引黄灌区主栽品种'天赐 19'为研究对象，探讨在滴灌随水施肥条件下，追施不同量氮素后玉米吐丝期其穗位叶光合作用及光响应特征，选取直角双曲线模型、非直角双曲线模型、直角双曲线修正模型和指数模型作为光响应曲线拟合模型，对不同施氮量下玉米光响应曲线进行拟合，分析比较模型的差异，确定不同氮素水平玉米吐丝期最优光响应曲线模型，并计算拟合出相应的光响应参数，为宁夏引黄灌区玉米光氮匹配和光合高效利用提供参考。

5.1 建模思路与材料方法

建模试验详见第 2 部分 2.2.2 试验 1、试验 2 的试验设计。

测试项目与方法详见第 2 部分 2.3.1 光响应曲线测定；2.3.2 光响应曲线模型。

数据处理与模型评价详见第 2 部分 2.5 数据处理与模型评价。

5.2 研究结果与分析

5.2.1 不同氮素处理下玉米吐丝期穗位叶光响应动态特征

Pn 的大小在一定程度上能反映作物光合作用的强弱。由图 5-1 可知，在玉米吐丝期，2 年间不同氮素处理下玉米穗位叶的光响应曲线随施氮增加变化动态相似。由 Pn 对光响应的立体曲线图，能够清晰地看到光强较弱时，即 $PAR \leqslant 1\,500\,\mu mol \cdot m^{-2} \cdot s^{-1}$，不同施氮量玉米吐丝期 Pn 的光响应变化趋势一致，穗位叶 Pn 对 PAR 的响应较敏感，即 Pn 随 PAR 的增加而快速增大，当 $PAR > 1\,500\,\mu mol \cdot m^{-2} \cdot s^{-1}$）光照强度（达到 LSP）后，N0 处理下 Pn 呈现较大的下降趋势，随着 PAR 的增加，光抑制现象明显。N1、N2、N3 处理逐渐缓慢上升趋于平稳，N4、N5 表现出较高的上升趋势，由此可说明适量施氮可提高玉米吐丝期穗位叶的光合能力。

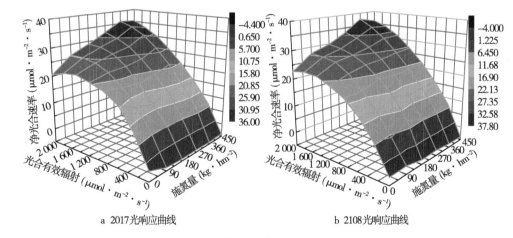

a 2017光响应曲线   b 2108光响应曲线

图5-1 玉米吐丝期不同施氮量 Pn 对 PAR 的响应

5.2.2 玉米穗位叶 4 种光响应曲线模型分析与评价

运用 4 种光响应曲线模型对不同氮素处理下滴灌玉米吐丝期穗位叶光响应动态进行拟合。由图 5-2 可知，当 $PAR \leqslant 1\,200\,\mu mol \cdot m^{-2} \cdot s^{-1}$ 时，4 种光响应曲线模型

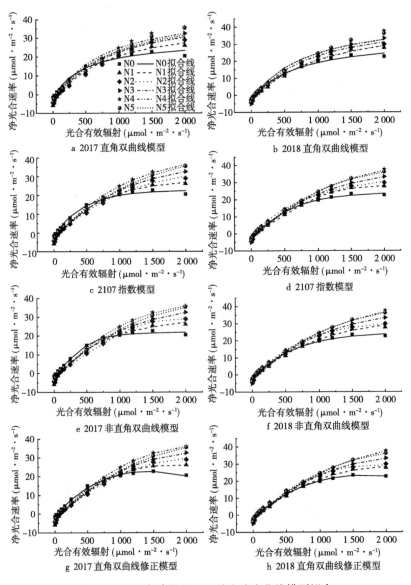

图 5-2 不同氮素处理下 4 种光响应曲线模型拟合

均呈较好的拟合效果，拟合精度也较高（表5-1）；当$PAR > 1\ 200\mu mol \cdot m^{-2} \cdot s^{-1}$时，模型Ⅰ拟合效果极差，且高氮处理（N4和N5）拟合值明显低于实测值，其他3种模型拟合效果相对较好；当$PAR > \mu mol \cdot m^{-2} \cdot s^{-1}$时，除模型Ⅲ外，其他3种模型拟合值高于实测值，无法拟合饱和光强后的Pn变化，需通过计算4种模型拟合参数值来分析模型拟合的优劣。

由4种模型评价参数$RMSE$、MAE与R^2值（表5-1）可知，各氮素处理间模型Ⅰ拟合效果最差，其他3种模型$R^2 > 0.993$，$RMSE < 6.553\mu mol \cdot m^{-2} \cdot s^{-1}$，$MAE < 3.174\%$，且模型Ⅲ中各氮素处理$RMSE < 2.617\mu mol \cdot m^{-2} \cdot s^{-1}$，$R^2 > 0.994$，模型拟合度依次为模型Ⅲ>模型Ⅵ>模型Ⅱ>模型Ⅰ。这说明模型Ⅲ相对拟合优度最高，拟合效果最佳。

表5-1　模型拟合度分析

模型	处理	2017年			2018年		
		$RMSE$ ($\mu mol \cdot m^{-2} \cdot s^{-1}$)	MAE (%)	R^2	$RMSE$ ($\mu mol \cdot m^{-2} \cdot s^{-1}$)	MAE (%)	R^2
模型Ⅰ	N0	1.196	1.006	0.983	0.760	0.589	0.994
	N1	0.628	8.492	0.995	0.941	10.421	0.992
	N2	3.542	17.668	0.982	4.681	18.448	0.975
	N3	1.130	0.933	0.992	1.274	1.027	0.991
	N4	52.438	1.249	0.983	36.774	1.259	0.987
	N5	38.165	1.170	0.982	37.156	1.149	0.983
模型Ⅱ	N0	0.581	0.385	0.996	0.521	0.438	0.997
	N1	0.610	2.712	0.995	0.146	3.140	0.999
	N2	0.647	0.053	0.996	2.746	0.650	0.991
	N3	0.645	0.514	0.997	0.724	0.592	0.997
	N4	0.317	2.818	0.998	0.625	3.174	0.997
	N5	6.553	0.779	0.992	5.487	0.748	0.998
模型Ⅲ	N0	0.436	0.341	0.998	0.324	0.262	0.999
	N1	0.597	1.245	0.996	0.326	0.909	0.997
	N2	2.058	0.789	0.996	1.116	0.883	0.994
	N3	0.696	0.545	0.997	0.741	0.579	0.997
	N4	0.238	1.878	0.999	0.432	1.344	0.998
	N5	2.476	0.721	0.997	2.617	0.685	0.998

（续表）

模型	处理	2017 年			2018 年		
		RMSE ($\mu mol \cdot m^{-2} \cdot s^{-1}$)	MAE （%）	R^2	RMSE ($\mu mol \cdot m^{-2} \cdot s^{-1}$)	MAE （%）	R^2
模型Ⅵ	N0	0.754	0.628	0.993	0.512	0.397	0.997
	N1	0.527	3.902	0.996	0.604	2.029	0.995
	N2	2.880	0.856	0.995	4.940	0.736	0.994
	N3	0.618	0.476	0.998	0.678	0.538	0.997
	N4	0.255	2.422	0.999	0.447	2.366	0.998
	N5	5.046	0.717	0.998	4.021	0.670	0.998

5.2.3 最优模型检验

采用试验 2 实测值对最优模型Ⅲ进行检验和误差分析，由 1：1 线可知（图 5-3），2017—2018 年各施氮量下 Pn 的模拟值与实测值 R^2 分别为 0.992 和 0.993，$RMSE$ 分别为 1.533$\mu mol \cdot m^{-2} \cdot s^{-1}$ 和 1.532$\mu mol \cdot m^{-2} \cdot s^{-1}$，$MAE$ 分别为 1.77% 和 1.181%。由此可以看出，模型Ⅲ对宁夏引黄灌区滴灌水肥一体化玉米吐丝期穗位叶的 Pn 拟合精准度高。

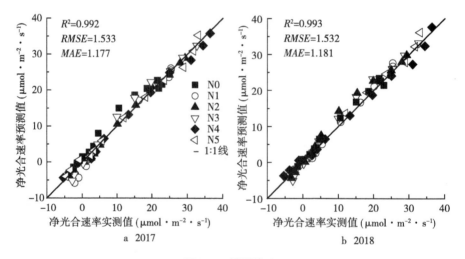

图 5-3　模型检验

5.2.4 模型Ⅲ对玉米吐丝期的光响应拟合及特征参数计算

由表 5-2 可知，2 年间最优模型Ⅲ各处理玉米吐丝期光响应曲线参数随施氮量的增加均呈先升后降趋势，其中 N4 值最大，N5 出现下降趋势，但降幅较小；

2 年间 N5 的 Pn_{max}、LCP、LSP、Rd 和模型表达式参数 α、β、γ 均低于 N4；Pn_{max} 和 LSP 能反映吐丝期玉米穗位叶最大光合潜力，是衡量玉米吐丝期利用强光能力的一个指标，表 5-2 各处理 Pn_{max} 在 22.279~39.473μmol·m^{-2}·s^{-1}。N4 的 Pn_{max} 较 N0 提高 40% 以上，N4 和 N5 的 LSP 达到最大值，超过了 2 163.953μmol·m^{-2}·s^{-1}，说明施氮肥有利于提高玉米对强光的适应性及光能利用效率，从而提高 Pn。

表 5-2 最优模型Ⅲ所得光响应参数及模型公式

| 年份 | 处理 | Pn_{max}
(μmol·m^{-2}·s^{-1}) | LCP
(μmol·m^{-2}·s^{-1}) | LSP
(μmol·m^{-2}·s^{-1}) | 模型Ⅲ公式参数 | | | |
					Rd (μmol·m^{-2}·s^{-1})	α (μmol·μmol^{-1})	β	γ
2017	N0	22.279	32.330	1.438×10^3	1.467	0.029	2.46×10^{-4}	5.72×10^{-4}
	N1	26.692	52.006	1.750×10^3	1.500	0.031	3.15×10^{-4}	1.08×10^{-4}
	N2	29.129	85.773	1.932×10^3	2.813	0.031	2.79×10^{-4}	0.74×10^{-4}
	N3	35.894	93.500	2.109×10^3	4.148	0.042	0.24×10^{-4}	6.84×10^{-4}
	N4	38.090	96.618	2.311×10^3	3.455	0.047	1.35×10^{-4}	2.71×10^{-4}
	N5	37.905	94.915	2.264×10^3	2.857	0.043	1.92×10^{-4}	0.12×10^{-4}
2018	N0	23.223	48.118	1.736×10^3	1.787	0.028	2.17×10^{-4}	3.76×10^{-4}
	N1	28.119	54.987	1.815×10^3	1.549	0.037	3.17×10^{-4}	1.43×10^{-4}
	N2	29.651	68.976	1.884×10^3	2.739	0.034	2.23×10^{-4}	2.01×10^{-4}
	N3	36.134	83.111	2.011×10^3	3.949	0.038	2.56×10^{-4}	0.73×10^{-4}
	N4	39.472	102.932	2.461×10^3	2.824	0.051	2.93×10^{-4}	1.50×10^{-4}
	N5	37.915	90.887	2.163×10^3	2.794	0.044	1.87×10^{-4}	0.70×10^{-4}

5.3 讨 论

光合作用是作物获取物质和能量的重要生理过程，氮素又是作物生长吸收最多的矿质元素，对作物器官建成、光合作用、碳/氮关系等有全面影响（李耕等，2010；Gu et al.，2019）。研究表明，在不同光环境下，适量施氮可有效延缓玉米叶片衰老，改善玉米叶片光合特性，从而维持较高的光合速率（Markelz et al.，2011；Liu et al.，2016；陈传永等，2010）。本研究结果发现，在玉米吐丝期，当穗位叶 $PAR>1$ 500μmol·m^{-2}·s^{-1} 时，不施氮（N0）表现出光抑制现象，其他氮素水平（N1~N5）Pn 均随着光强的增加呈增加趋势，N1 和 N2 缓慢增加，N3 和 N4 增幅较大，N5 处理出现降幅，略低于 N4（图 5-1）。说明适量施氮可提高滴灌玉米吐丝期穗位叶的 LSP，进而改善玉米高光合能力和光合速率。氮肥缺失或过量均会出现光抑制，影响玉米光合作用。

光合作用模型能有效描述光合速率与光合有效辐射之间的动态变化关系（阿里穆斯等，2013），是反映作物光合作用响应机制、评价作物光合效率的一种重要手段（于强等，2008）。大量研究表明，目前所采用的作物光响应模型，根据其机制和推导方式不同，表现程度也不同（叶子飘，2010；Ye et al.，2013a，2013b）。本研究结果发现，在滴灌玉米吐丝期，$PAR < 1\ 200\mu mol \cdot m^{-2} \cdot s^{-1}$ 的情况下 4 种模型均能较好地拟合各氮素处理下光响应曲线（图 5-2），但 $PAR > 1\ 200\mu mol \cdot m^{-2} \cdot s^{-1}$，模型 I 拟合效果最差，$PAR$ 超过 $1\ 500\mu mol \cdot m^{-2} \cdot s^{-1}$，仅模型 III 可准确拟合出光响应曲线的光抑制现象，其他 3 种模型适应性较差，此研究结果与赵丽等（2018）在春玉米苗期的研究结果相似，与王帅等（2014）在玉米灌浆中期研究结果一致，究其因在 $PAR > 1\ 500\mu mol \cdot m^{-2} \cdot s^{-1}$ 时，模型 I、II 和 IV 拟合曲线均为一条无极值的渐近线，在实际应用中，模型 I 与模型 II 无法准确拟合 LSP，2 种模型拟合的 LSP 与实测值偏差均较大，难以准确拟合光饱和及光抑制下的光响应特征，拟合的饱和光强远低于实际测量值（图 5-2）；模型 IV 虽然能较好地模拟光饱和下玉米的光响应，但对非光饱和及光抑制下的光响应曲线拟合较差。有研究表明，非饱和状态的玉米叶片对模型选择要求不高，而出现光饱和以及光抑制情况下应该注意模型适用性的选择。为明确其他 3 种模型拟合的差异，本研究通过 R^2、$RMSE$ 和 MAE 得出 3 种模型的拟合优度（表 5-1），得出最优模型 III。进一步证明适量施氮对于改善玉米叶片光合特性的重要性，且模型 III 的拟合效果能充分反映不同氮素处理玉米吐丝期的光合特性。

光响应模型参数可较好地反映作物的光合生理过程、光能利用率及光抑制程度高低等光合生理特性，对了解作物生长发育具有重要意义（Larocque et al.，2002；Jiang et al.，2005）。由于模型 III 可克服其他 3 种模型的不足，本研究筛选出模型 III 对滴灌玉米吐丝期的光响应曲线参数和光合参数进行计算（表 5-2）。模型参数 α 可反映作物弱光光合过程其光能转化效率的强弱，一般为 $0.04 \sim 0.07\mu mol \cdot m^{-2} \cdot s^{-1}$（Ye et al.，2013），表 5-2 表明不同施氮下玉米的光能转化效率存在差异，2 年间玉米吐丝期的 α 在 $0.028 \sim 0.051\mu mol \cdot m^{-2} \cdot s^{-1}$，高氮处理（N3、N4、N5）的 α 基本都在 0.04 以上，说明施氮提高了玉米弱光下的光能转化效率。Pn_{max} 可反映作物最大光合潜力，其值代表了对强光的利用能力（Sharp et al.，1984），本研究表明，2 年间最适施氮量下 Pn_{max} 较 N0 提高 69.97%~70.07%，表明施氮提高了玉米对强光的利用能力。Rd 是弱光下的一种适应机制，是作物维持生理活性的必须能量（Lathrop，2009），本研究中 Rd 以 N0 最低，N4 达到最高，说明在低氮条件下玉米通过降低 Rd 来减少碳损耗从而维持自身代谢平衡。LCP 和 LSP 分别代表作物适应和利用光照强度最低和最高能力，王帅和李耕等研究认为施氮可提高玉米灌浆期的 LCP 和 LSP 值（王帅等，2014；李耕等，2010），本研究表明，N4 的 LSP 较 N0 提高 41.74% 以上，说明适量施氮可提高玉米对强光的适应能力，从而保证玉米正常生长。

王帅等（2014）研究表明，玉米 LSP 在灌浆期间随施氮量的增加呈规律性递增，赵丽等（2018）研究认为随复合肥用量提高玉米 LSP 呈增加趋势，过量则抑制。同理，水分处理对玉米不同生育时期的 LSP 影响明显，甜玉米在灌浆期 LSP 随土壤含水量增加呈规律性增加（李建查等，2018），玉米拔节至抽雄期 LSP 随干旱天数增加呈减小趋势（李义博等，2017）。本研究 2 年数据表明，不同施氮量下光响应参数 LSP 在玉米吐丝期变化范围最大，随施氮的增加先升高后降低（表 5-2），当 $LSP < 1\,736\mu mol \cdot m^{-2} \cdot s^{-1}$ 时，表明严重缺氮，需施较多氮肥；当 $1\,750\mu mol \cdot m^{-2} \cdot s^{-1} < LSP < 2\,067\mu mol \cdot m^{-2} \cdot s^{-1}$ 时，表明处于低氮水平，需适量施氮；当 $2\,163\mu mol \cdot m^{-2} \cdot s^{-1} < LSP < 2\,264\mu mol \cdot m^{-2} \cdot s^{-1}$ 时，表明施氮过量，不再追施氮肥；当 $LSP > 2\,311\mu mol \cdot m^{-2} \cdot s^{-1}$ 时，表明处于最适施氮水平（表 5-2）。故在实际生产中，可利用 LSP 来判断玉米叶片的氮素营养状况，建立基于光响应参数的玉米施肥推荐，保证玉米最适氮使用量，提高玉米光合作用能力，进而提高产量。

5.4　结　论

吐丝期滴灌玉米对强光的适应范围随施氮量增加呈增加趋势，光饱和点范围在 $1\,438.634 \sim 2\,461.698\mu mol \cdot m^{-2} \cdot s^{-1}$；各处理间差异较大，依次为 N4>N5>N3>N2>N1>N0。

施氮量不超过 $360 kg \cdot hm^{-2}$ 时，施氮可提高下玉米叶片的 α、Pn_{max}、LCP、LSP 和 Rd 等光响应参数；达到 $450 kg \cdot hm^{-2}$ 时则呈现出下降趋势，但降幅较小。

直角双曲线修正模型克服了其他 3 种模型无法拟合低氮处理光抑制现象，拟合优度高（拟合集 R^2 不低于 0.994、$RMSE$ 不超过 $2.617\mu mol \cdot m^{-2} \cdot s^{-1}$、$MAE$ 不超过 1.344%，验证集 R^2 不低于 0.992、$RMSE$ 不超过 $1.533\mu mol \cdot m^{-2} \cdot s^{-1}$、$MAE$ 不超过 1.777%），可作为引黄灌区玉米吐丝期最优光响应曲线参考模型。

6 宁夏引黄灌区滴灌玉米 4 种光响应曲线模型比较

宁夏玉米单产水平高，增产潜力大，光温效果显著，是引黄灌区农业生产发展的支柱作物（王永宏，2014），在水肥一体化技术的改进与提高基础上，合理施氮有效提高了玉米的产量和品质（孙宁等，2011；楚光红等，2016）。光合作用是玉米产量形成的物质基础（杨世杰等，2010），所以光合作用对玉米生长发育过程中的影响不容忽视。Pn 是反映玉米光合能力的主要指标（马莉等，2018），光响应曲线则是研究作物 Pn 随着 PAR 变化的数学模型（叶子飘，2010）。研究表明，目前较通用的光响应曲线为直角与非直角双曲线模型、直角双曲线修正模型和指数模型 4 种（封焕英等，2017；韩刚等，2010；王秀伟等，2009；王帅等，2014）。利用这 4 种模型分析拟合 PAR 和 Pn 之间的动态变化关系，由此可分析计算出作物的 α、Pn_{max}、LCP、LSP 以及 Rd 等重要的光合生理参数（Larocque，2002），其参数计算的准确性，主要取决于研究对象所选模型的类型（马莉等，2018）。

玉米的光响应曲线能准确有效地反映玉米生长发育进程中对不同光照强度的利用规律（叶子飘，2010）。因此，在氮胁迫下研究玉米的光响应特性，更能够在生理机制方面反映玉米对氮素的胁迫规律（王帅等，2014）。目前，国内关于氮素与玉米光合作用的关系已经有大量研究（孙宁等，2011；楚光红等，2016），有关玉米与干旱胁迫（于文颖等，2016；李义博等，2017）、不同光质（张曦文等，2018）以及不同叶位（李力等，2016）与光响应曲线关系的报道较多且大多集中在东北地区，而在西北引黄灌区，基于水肥一体化技术的不同施氮量与玉米光响应曲线关系研究报道较少，故本试验以宁夏灌区大力推广的玉米品种'天赐 19'为研究对象，在平吉堡农场开展不同氮素水平下滴灌玉米光响应曲线研究，探讨玉米大喇叭口期叶片的光合作用及光响应特征，通过 4 种通用光响应曲线模型对水肥一体化玉米功能叶片的光响应过程进行模拟，比较 4 种模型的优度，旨在筛选出氮素胁迫下最优的滴灌玉米光响应模型，并对相应的光响应评价参数进行计算，为研究引黄灌区玉米氮素高效管理与光合生理机制以及光、肥高效利用提供理论依据。

6.1 建模思路与材料方法

建模试验详见第 2 部分 2.2.2.2 试验 1、试验 2 的试验设计。

测试项目与方法详见第 2 部分 2.2.3.1 光响应曲线测定；2.2.3.2 作物光响应模型。

数据处理与模型评价详见第 2 部分 2.3 数据处理与模型评价。

6.2 结果与分析

6.2.1 不同氮素处理下玉米光响应曲线动态变化特征

试验 1 中 2017—2018 年不同氮素处理下的光响应动态曲线由图 6-1 可知，2 年间玉米光响应曲线随施氮呈现出相似的变化规律。当 PAR 不超过 $1\,100\mu mol \cdot m^{-2} \cdot s^{-1}$ 时，各施氮量下玉米 Pn 变化趋势一致，随 PAR 的升高而快速升高，而当 PAR 值达到一定强度时，各处理 Pn 表现出明显差异。2017 年和 2018 年 N0 存在一定差异，在 PAR 大于 $1\,100\mu mol \cdot m^{-2} \cdot s^{-1}$ 和 $1\,400\mu mol \cdot m^{-2} \cdot s^{-1}$ 时，达到了 LSP，Pn 为最大值，当光照继续增强时则 Pn 迅速降低，表现出明显的光抑制现象。2 年间 N1、N2 处理对强光的适应力较 2017 年 N0 处理提高了 $300\mu mol \cdot m^{-2} \cdot s^{-1}$，当 PAR 超过 $1\,400\mu mol \cdot m^{-2} \cdot s^{-1}$ 表现出光抑制现象，Pn 降低趋势表现为 N2<N1。在 PAR 超过 $1\,400\mu mol \cdot m^{-2} \cdot s^{-1}$ 时，

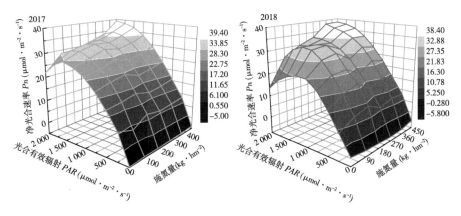

图 6-1 不同施氮量下 Pn 对 PAR 的响应

N3、N4、N5 处理的 Pn 继续保持增加趋势，增强光照，N3 处理的 Pn 缓慢增加，N4 略高于 N5 处理，二者呈现的变化规律基本一致，增幅较 N3 处理大，N4 在整个光强范围内 Pn 均大于其他处理。2 年结果表明，合理的氮肥用量，可增大滴灌玉米叶片的 LSP，提高对 PAR 的响应能力，进而提高光合能力和光合速率。

6.2.2 不同氮素处理下 4 种模型对玉米光响应曲线拟合比较

由图 6-2 可知，4 种模型对各处理的光响应曲线拟合优度不同，同种模型对 2 年间的光响应曲线拟合精度差异较小。N3、N4 和 N5 处理的 Pn 在整个光强范围内，均保持上升趋势，所以 4 种模型对 N3、N4 和 N5 这 3 个处理的拟合度较高。而 N0、N1 和 N2 处理在 PAR 未超过 LSP 时，4 种模型的拟合值与实测值相差不大，当 PAR 继续增强时，N0、N1 和 N2 处理的 Pn 出现了下降的趋势。通过模拟结果发现，除直角双曲线修正模型外，其他 3 种模型曲线均呈现单调递增趋势，从而导致这 3 种模型均不能准确地拟合超出 LSP 时 Pn 随 PAR 升高而降低现象。由此可知，直角双曲线模型、非直角双曲线模型和指数模型这 3 种模型对低氮处理的光响应曲线拟合度相对较低。由各氮素处理模拟的整体趋势可以看出，直角双曲线修正模型拟合效果较好，其他 3 种模型拟合优度欠佳，故需通过模型拟合优度参数来分析判断 4 种模型拟合结果的优劣。

6.2.3 模型检验

通过试验 2 的数据，对 2 年间试验 1 的数据采用 R^2、$RMSE$ 及 MAE 对模型精确性进行检验。由图 6-3 可知，4 种模型光响应曲线的拟合精度不同，2 年间呈现相同的规律，2 年间各处理的 R^2 都大于 0.84，且 R^2 随着施氮量的增加而增大；$RMSE$ 和 MAE 二者的值相对较小，$RMSE$ 均不超过 $3.25\mu mol \cdot m^{-2} \cdot s^{-1}$，$MAE$ 均未超过 2.41%，且 $RMSE$ 和 MAE 的值均随着施氮量的增加呈现出减小趋势；当施氮量达到 N3（$270kg \cdot hm^{-2}$）水平时，4 种模型的 R^2 均大于 0.94，$RMSE$ 的值均小于 1.19，MAE 的值均不大于 1.19%；这一动态变化数据说明各模型对 Pn 的拟合度较好，且氮肥可提高各模型的拟合精度。直角双曲线修正模型的 $RMSE$ 和 MAE 均小于 0.86，且各氮素处理的 R^2 均大于 0.94，这充分的说明直角双曲线修正模型与各模型相对拟合度最高，拟合效果最好。综合 R^2、$RMSE$ 和 MAE 来分析，其余 3 种模型的拟合优度依次表现为非直角双曲线模型>指数模型>直角双曲线模型。

采用试验 2 实测值对筛选出的最优模型直角双曲线修正模型进行检验，将 2017 年与 2018 年模拟结果与田间实测值进行比较和误差分析，由 1∶1 线分析计算（图 6-4）得知，2 年间各施氮量下 Pn 的模拟值与实测值之间决定系数 R^2

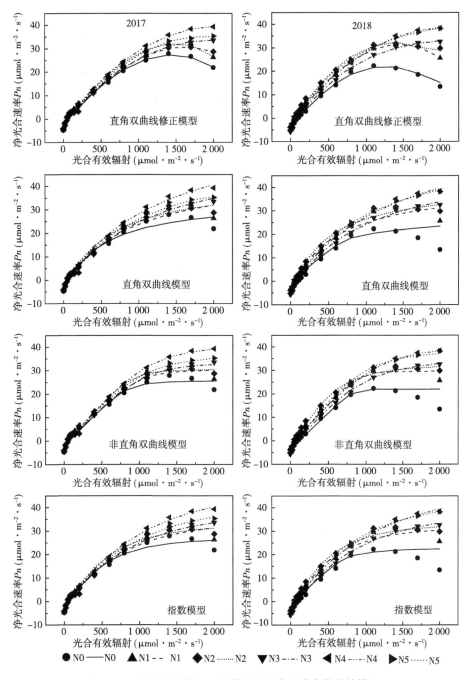

图6-2 不同施氮量下4种模型对玉米光响应曲线的模拟

注：上角标"'"代表模拟值

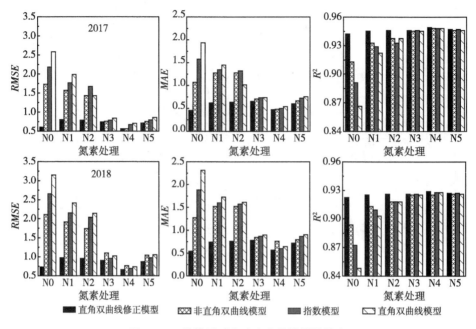

图 6-3　4 种模型对光响应曲线的模拟精度

为 0.994 和 0.993，且模型评价系数均方根误差 $RMSE$ 为 1.275μmol·m^{-2}·s^{-1} 和 1.453μmol·m^{-2}·s^{-1}，MAE 为 1.137% 和 1.205%。由此可以表明，直角双曲线修正模型下 Pn 的实测值与拟合值间的拟合度好，精准度高，此模型可以较好地模拟宁夏引黄灌区滴灌水肥一体化玉米在不同施氮量下的光响应曲线。

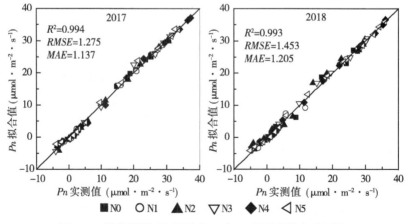

图 6-4　最优模型对不同施氮玉米 Pn 的模拟值与实测值

6.2.4 直角双曲线修正模型对玉米光响应曲线的拟合及特征参数计算

表 6-1 结果显示，2 年间各处理的光响应曲线参数随施氮呈现出相同的变化趋势，Pn_{max}、LCP、LSP 以及 Rd 等光合生理特征参数均随着施氮量的增加先增加后降低，但降幅较小，N4 处理各参数均高于其他处理，N5 各参数相对 N4 分别下降了 3.13%~9.26%、11.77%~13.74%、6.54%~8.95%、6.02%~6.72%。Pn_{max} 的变化范围在 21.12~39.90μmol·m^{-2}·s^{-1}。N4 处理下的 Pn_{max} 与 CK 比相比提高 31.89%~80.38%，分别较 N1、N2、N3 提高 21.95%~25.79%、18.28%~23.09% 和 15.18%~20.98%。N4 和 N5 处理的 LSP 达到最大值，分别为 2 104.925~2 271.239μmol·m^{-2}·s^{-1} 和 1 967.317~2 067μmol·m^{-2}·s^{-1}，且 α 均高于其他处理，因此在一定程度上反映了宁夏引黄灌区施氮肥有利于提高玉米对强光的适应性及对光能的利用效率，从而提高了 Pn。

表 6-1 不同施氮量下玉米光响应曲线参数

年份	处理	表观量子效率/α	最大光合速率/Pn_{max} (μmol·m^{-2}·s^{-1})	光补偿点/LCP (μmol·m^{-2}·s^{-1})	光饱和点/LSP (μmol·m^{-2}·s^{-1})	暗呼吸速率/Rd (μmol·m^{-2}·s^{-1})	决定系数 R^2
2017	N0	0.038	27.312	53.298	1 498.343	2.298	0.993
	N1	0.044	30.848	58.833	1 591.534	2.304	0.993
	N2	0.048	32.298	61.518	1 722.038	3.290	0.996
	N3	0.040	33.552	61.642	1 775.223	4.116	0.996
	N4	0.063	39.522	79.168	2 271.239	4.354	0.998
	N5	0.046	35.861	69.848	2 067.984	4.261	0.997
2018	N0	0.037	22.122	56.739	1 508.973	2.179	0.992
	N1	0.042	31.723	66.855	1 571.798	2.508	0.995
	N2	0.044	33.418	58.505	1 622.814	2.949	0.997
	N3	0.046	35.983	75.403	1 782.365	3.932	0.996
	N4	0.061	39.904	103.111	2 104.925	4.346	0.999
	N5	0.053	38.654	88.940	1 967.317	4.054	0.997

6.3 讨 论

光响应曲线反映了 Pn 对 PAR 的动态响应过程（叶子飘，2008），此过程一般可分为 3 个阶段，即弱光条件下呈线性上升阶段、中等光强条件下呈曲线上升阶段和强光条件下的平台（平稳或不再升高）阶段（叶子飘，2010），赵丽等（2018）研究表明，高氮处理也可以增加玉米在此动态响应过程中对强光的适应能力。由图6-1可以看出，本研究6个氮素水平的玉米光响应曲线均满足光强动态响应的3个阶段，且低氮处理提前完成此过程的3个阶段，而高施氮处理则在一定程度上延缓了这种光饱和现象（Kumar et al.，2007），本研究结果同前人的研究结果相一致（赵丽等，2018），这说明施氮肥可以提高玉米对强光的适应范围，进而提高玉米的光合作用能力（王帅等，2014）。

为保证各光响应模型的优劣和地域适用性，需分析光合参数估测的可比性和准确性（刘子凡等，2018），本研究选取了$RMSE$、MAE及R^2来计算并验证模型误差，以判别4种通用模型光响应过程的实测值与拟合值间的差异（马莉等，2018）。由表6-1分析结果表明，4种通用模型中6个氮素处理拟合效果来看，高氮处理的光响应曲线拟合值较为接近实测值，模拟精度高，除直角双曲线修正模型外，其他3种模型对低氮处理的$RMSE$、MAE值较高氮处理高，R^2较高氮处理低，其拟合精度较差。王帅等（2014）的研究过程中也存在此现象，其主要原因是低氮处理的Pn随着PAR的增强先增大而后减小（图6-2），而直角双曲线模型、非直角双曲线模型和指数模型这3种模型本身特性就是单调递增函数，因此模型本身求得的Pn均随PAR的增大而增大（Ögren et al.，1993）。其次，从4种模型的评价参数来看，评价效果为直角双曲线修正模型>非直角双曲线模型>指数模型>直角双曲线模型（图6-3），其结果与赵丽等（2018）的研究结果一致。由此可见，无论在不同的施氮水平还是在不同的光强下，直角双曲线修正模型均能较为理想的拟合玉米大喇叭口期的光响应曲线。分析其原因主要是因为指数模型、直角双曲线模型和非直角双曲线模型的曲线都是一条无极值的渐进线，无法拟合曲线的歪曲度（李佳等，2019）。

光响应参数可反映植物的光合生理过程、光合能力和植物对各种逆境胁迫的响应，对了解植物生长发育具有重要意义（叶子飘，2008；叶子飘等，2012；Ye，2012）。由于直角双曲线模型、非直角双曲线模型和指数模型的曲线自身特性，决定其计算的Pn_{max}偏大于实测值，LSP明显小于实测值（王帅等，2014；Chen et al.，2010），而直角双曲线修正模型则克服了在低光强和光抑制下直角双曲线模型、非直角双曲线模型和指数模型3种模型的不足（叶子飘，2008），且从模型优度评价参数（图6-3）来看该模型优度最高。因此，本研究选用该模型对宁夏滴灌玉米光响应曲线的光合参数进行计算。前人的研究表明，植物在自然环境下的α一般在$0.04 \sim 0.07\mu mol \cdot \mu mol^{-1}$（叶子飘等，2012），在不同氮素（王帅等，2014）、干旱（李义博等，2017）、叶位（李力等，2016）和复合肥等条件下（赵丽等，2018）玉米的α的值分别在$0.028 \sim 0.043\mu mol \cdot \mu mol^{-1}$、

$0.036\sim0.053\mu mol \cdot \mu mol^{-1}$、$0.063\sim0.070\mu mol \cdot \mu mol^{-1}$ 和 $0.065\sim0.080\mu mol \cdot \mu mol^{-1}$。本研究结果表明，宁夏引黄灌区玉米大喇叭口期的 α 介于 $0.037\sim0.061mol \cdot mol^{-1}$，且 α 随施氮量的升高呈上升趋势，但过量施氮则会有所抑制，这与叶子飘等的研究结果一致（Ye，2012），说明合理施氮可以提高玉米弱光下的光能利用效率（王振兴等，2012）。其次，Rd 是植物在弱光下的适应机制（Miao et al.，2009），LSP 和 LCP 分别是植物光合作用利用 PAR 的范围，也反映植物对强光和弱光的利用水平（蔡建国等，2017），而 Pn_{max} 则体现了植物潜在的光合能力（李理渊等，2018）。本研究表明，Rd、LSP、LCP 和 Pn_{max} 均随着施氮量的增加先升高后降低，但降幅较低，这说明适量施氮有利于提高滴灌玉米在对弱光的利用能力，增加玉米对 PAR 的适用范围，从而提高 Pn 的值，此结果与赵丽等（2018）的研究一致，而王帅等（2014）则认为这些光响应参数不受氮肥用量的影响，随着施氮量的增加一直升高，其原因可能是王帅等在开展试验过程中，选择的最高施氮为 $180kg \cdot hm^{-2}$ 相对偏低有关，其施氮量仅为本研究的 N2（$180kg \cdot hm^{-2}$）处理，施氮量未达到对玉米光合作用的抑制水平（楚光红等，2016），故施氮对光响应参数的影响较大。以 Pn_{max} 和 LCP 来分析，2 年数据表明滴灌玉米在大喇叭口期时，当 Pn_{max} 小于 $30\mu mol \cdot m^{-2} \cdot s^{-1}$ 时，表明严重缺氮，需施氮肥；Pn_{max} 介于 $30\sim35\mu mol \cdot m^{-2} \cdot s^{-1}$ 时，表明处于低氮水平，需适量施氮；LSP 处于 $1\,775\sim2\,067\mu mol \cdot m^{-2} \cdot s^{-1}$ 时说明施氮过量，不必再追施氮肥；LSP 大于 $2\,067\,\mu mol \cdot m^{-2} \cdot s^{-1}$ 时，表明处于最适的氮水平（表 6-1）。可利用这些参数来判断玉米的氮素营养状况，建立基于光响应参数玉米施肥推荐体系，保证作物处于最适氮肥水平，提高玉米光合作用能力，进而提高产量。

6.4　结　论

玉米对强光的适应范围随着施氮量的增加呈增加趋势，其 LSP 的变化范围在 $1\,498.343\sim2\,271.239\mu mol \cdot m^{-2} \cdot s^{-1}$，且各处理间差异较大，依次为 N4>N5>N3>N2>N1>N0。

直角双曲线修正模型则克服了其他 3 种模型无法拟和低氮处理的光抑制现象，拟合优度较高，可作为引黄灌区玉米最优光响应曲线模型。施氮量不超过 $360kg \cdot hm^{-2}$ 时，施氮可提高玉米叶片的 α、Pn_{max}、LCP、LSP 和 Rd 等光响应参数；达到 $450kg \cdot hm^{-2}$ 时则呈现出下降趋势，但降幅较小。

7 基于有效积温的玉米冠层图像特征参数分析

对农作物长势和水肥营养进行及时有效地监测诊断，进而改进相应的栽培管理是作物获得高产的基础（夏莎莎等，2018）。传统的监测手段与方法主要依靠栽培人员的自身经验对作物长势做出评价，易出现视觉疲劳，从而影响判断精度，且难以实现大面积快速无损监测（李少昆等，2017）。随着数字图像处理技术的发展，运用数字图像对作物大面积的长势监测已成为精准农业发展的重要趋势。

近年来，国内外学者通过无人机（李红军等，2017）、数码相机（王远等，2012；Jia et al.，2014；Li et al.，2010）和手机相机（夏莎莎等，2018），获取作物的冠层数字图像信息，通过图像处理，分割出作物冠层图像信息层，提取图像信息层的 RGB 分量值，对各颜色分量值进行标准化处理，得到红（R）绿（G）蓝（B）光归一化标准值（贾彪等，2016；李亚兵等，2012），并对颜色参数值进行组合，以提高图像色彩参数与农学指标间相关性（夏莎莎等，2018a，2018b），进而建立基于作物冠层图像特征参数的长势监测和氮素营养诊断模型，达到指导农业栽培管理目的（夏莎莎等，2018）。而较多研究仅针对作物某一关键生育时期进行监测与诊断，并未贯通到作物全生育期（毛智慧等，2018），导致模型的通用性较差，且很少有研究对玉米全生育期的冠层图像的动态变化规律进行深入分析，同时由于图像 RGB 等参数的获取易受光照、温度等外在条件的影响（Jia et al.，2014；Li et al.，2010；Tavakoli et al.，2019），对玉米作物冠层动态随有效积温（GDD）的影响很少进行分析。因此，为明确玉米冠层图像 RGB 分量的动态随 GDD 的响应机制，本研究以宁夏引黄灌区滴灌水肥一体化玉米为研究对象，在平吉堡农场玉米高产田开展不同氮素处理试验。用手机相机获取玉米冠层图像，应用试验基地安装的小型气象站获取田间小气候数据，计算玉米全生育期 GDD，拟合出基于 GDD 的冠层图像色彩参数动态模型，揭示玉米图像参数与 GDD 的内在关系，为宁夏滴灌水肥一体化玉米生长发育进程冠层图像色彩特征的动态分析和预测提供新思路。

7.1　建模思路与材料方法

建模试验详见第 2 部分 2.2.2.2 试验 1、试验 2 的试验设计。

测试项目与方法详见第 2 部分 2.2.3.4 玉米冠层图像获取；2.2.3.5 玉米冠层图像参数提取；2.2.5.1 有效积温测算。

数据处理与模型评价详见第 2 部分 2.3 数据处理与模型评价。

7.2　研究结果与分析

7.2.1　全生育期内 R 值动态变化规律分析

由图 7-1 可知，在玉米全生育期内，其各氮素处理间 R 值均随 GDD 的增加呈先增加后降低趋势。从苗期（出苗 25d）至拔节期（出苗后 37d），GDD 在 300~600℃时，玉米 R 值快速增加，之后以缓慢的速度持续增长至抽雄吐丝期（出苗后 69d），此时 R 值达到最大，灌浆期（出苗后 81d）开始 R 值呈现持续下降的趋势。方差分析表明，施氮不同显著影响 R 值的变化，在整个生育期低氮处理（N0、N1、N2）R 值一直处于较高的水平，N0 在生育后期显著高于 N1、N2 处理；而高氮处理（N3、N4、N5）从苗期至蜡熟期均低于其他处理，N3、

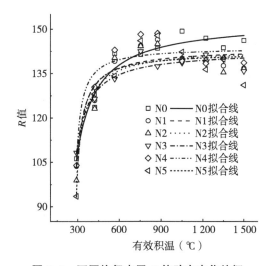

图 7-1　不同施氮水平 R 值动态变化特征

N4 在灌浆期明显高于 N5，说明施氮可以降低玉米 R 值，尤以生育后期差异明显。回归分析表明，R 与 GDD 的最优模型为开口向下的有理函数关系，其表达式为 $y=(b+cx)/(a+x)$。

运用有理函数对 R 值的拟合参数（表 7-1），各拟合曲线的决定系数 R^2 的变化范围为 0.872~0.951，以 N0 最高，N4 最低，各处理拟合度较好，精度较高，均达到显著水平，表明有理函数可以用来拟合预测 R 值，模型的各参数均随着施氮的增加呈现出下降的趋势，N4 略低于 N5，其中对照 N0 的 a、b、c 参数明显高于其他施氮处理，各处理间参数 c 变化范围最大，a、c 随施氮的变化较小，分析表明施氮主要来通过降低参数 b 来影响模型的预测值。

表 7-1   不同氮素水平玉米冠层图像颜色分量 R 值动态变化参数

处理	拟合参数			R^2
	a	b	c	
N0	−146.023	−29 170.123	152.923	0.951**
N1	−196.096	−31 262.100	142.714	0.936**
N2	−229.408	−35 631.795	143.383	0.890**
N3	−229.171	−35 346.320	143.507	0.890**
N4	−253.401	−37 962.035	143.938	0.872**
N5	−251.013	−37 632.321	142.232	0.878**

注：** 表示 0.01 水平差异显著。

7.2.2 G 与 B 动态变化规律分析

图 7-2a 表明，在玉米整个生育期内，G 与 R 的动态变化趋势相似，且呈先迅速升高后缓慢增加至最大值，最后开始呈现出下降趋势，一直持续到蜡熟期，N5 降幅最大，N0 最低。方差分析表明，G 值受氮素影响显著，尤其是从抽雄吐丝期开始，N0 显著高于其他处理，N5 显著低于其他处理，说明施氮显著降低玉米的 G 值。

如图 7-2b 所示，B 值在出苗后 25~30d 时各氮素处理增长最快，之后缓慢增加，抽雄吐丝期达到最大，之后的 10d 内降幅较大，随生育期的推进 B 值无明显变化。施氮可显著提高 B，尤以高氮处理（N3、N4、N5）明显，N5 在全生育期内保持较高水平；低氮处理（N1、N2）B 值略高于 N0。G 和 B 值最适曲线表达式为对数函数 $[y=a-b\ln(x+c)]$。

如表 7-2 所示，各处理 R^2 均达到显著水平，拟合效果较好，模型参数 a 均随施氮量的增加呈现增加趋势，b 和 c 随施氮量的增加，无明显上升或降低趋

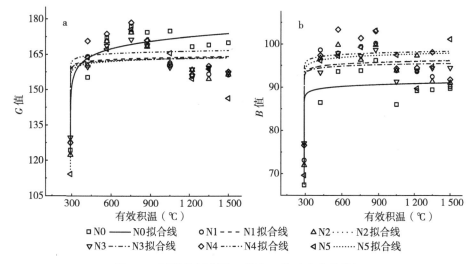

图 7-2 不同施氮水平 G 值和 B 值动态变化特征

势，且参数 c 趋近于一个恒值，说明施氮主要影响曲线参数 a，进而影响模型的预测值。

通过拟合曲线的 R^2 发现，对数函数 $y=a-b\ln(x+c)$ 可拟合 B 值在整个生育期的动态变化，施氮对各处理的 R^2 取值无明显影响，其值介于 0.734~0.858，拟合度较高。各参数对施氮的响应不同（表 7-2），参数 c 无差异，且趋于恒值，基于 GDD 的玉米冠层图像 B 值拟合值为 -290，参数 b 随施氮的增加未呈现出明显的增加或降低的趋势，而参数 a 随着施氮的增加而增加，在 N4 处理达到最大，N5 出现下降趋势，降幅相对较小，说明施氮主要是改变模函数表达式中参数 a 的值，进而影响模型的输出结果。

表 7-2 不同氮素水平玉米冠层图像颜色分量 G 值和 B 值动态变化参数

| 处理 | 颜色分量 G 值 | | | | 颜色分量 B 值 | | | |
| | 拟合参数 | | | R^2 | 拟合参数 | | | R^2 |
	a	b	c		a	b	c	
N0	140.266	-4.739	-290.465	0.895**	86.610	-0.626	-290.500	0.834**
N1	157.450	-0.957	-290.500	0.729**	91.925	-0.602	-290.500	0.792**
N2	156.154	-1.089	-290.500	0.782**	91.734	-0.637	-290.500	0.835**
N3	157.305	-0.892	-290.500	0.795**	92.008	-0.499	-290.500	0.858**
N4	159.541	-1.019	-290.500	0.692**	94.319	-0.572	-290.500	0.734**
N5	154.644	-1.298	-290.500	0.748**	92.611	-0.750	-290.500	0.848**

注：** 表示 0.01 水平差异显著。

7.2.3　玉米关键生育时期冠层图像参数与植株含氮量动态关系

如表 7-3 所示，本研究重点探讨拔节期（六叶期，V6）和小喇叭口期（十叶期，V10）的玉米 6 个图像参数 R、G、B 及其归一化组合参数 $R/(R+G+B)$、$G/(R+G+B)$、$B/(R+G+B)$ 与叶片含氮量的相关性。R、G、$R/(R+G+B)$、$G/(R+G+B)$ 与植株氮含量达到了 0.01 水平的显著相关，六叶期 G 与 $B/(R+G+B)$ 则在不同时期具有不同相关关系，除 $G/(R+G+B)$ 与植株氮含量呈负相关外，其他参数均与植株氮含量呈正相关。其中 $R/(R+G+B)$ 与含氮量的相关系数最高，B 相对较低，大多数玉米冠层图像参数与植株氮含氮量相关系数为 V10 高于 V6，因此 V10 可作为滴灌玉米氮素营养诊断的关键生育时期。

表 7-3　关键生育时期玉米图像参数与植株含氮量间相关关系

生育时期	R	G	B	$R/(R+G+B)$	$G/(R+G+B)$	$B/(R+G+B)$
六叶期（V6）	-0.684 **	-0.679 **	-0.482 *	-0.726 **	0.583 **	-0.492 *
十叶期（V10）	-0.764 **	-0.526 *	-0.664 **	-0.873 **	0.637 **	-0.758 **

注：* 和 ** 分别代表 0.05 和 0.01 水平差异显著。

7.3　讨　论

宁夏引黄灌区玉米在氮肥管理方面，生产上习惯采用"一炮轰"的施肥方式，这种"前重后轻"的施肥方式，导致玉米生育前期植株发育过旺，造成后期倒伏，进而影响玉米产量（王永宏，2014）。多年来，在我国北方地区，玉米生产上无法实现关键生育时期氮肥追施。而滴灌水肥一体化技术是我国新疆、甘肃和宁夏等西北干旱地区近年来推广和广泛应用的一项农业生产新技术，即施肥与灌水融合为一体对农作物进行施肥。该技术通过"随水施肥，少量多次"的原则，在保证作物根区水肥分布的均匀度的同时，能有效提高作物产量和水肥利用效率（Brye et al.，2003），且节水节肥。本研究结合宁夏当地推荐施肥模式和张兴风等（2016）在宁夏滴灌玉米不同施肥模式的试验研究，围绕水肥一体化条件下开展了 8 次随水追施氮肥研究，探究滴灌玉米不同氮素处理冠层图像动态以及图像参数与植株含氮量的相关关系等在推动农业生产中的必要性，为基于数字图像处理技术和信息化监测在农业生产上的应用提供参考。

随着数字图像处理技术的日趋成熟，采用数码照相获取作物数字图像在作物长势监测等领域已初见成效（夏莎莎等，2018；李红军等，2017；李亚兵等，2012）。通用方法即应用数字图像技术直接获取田间作物冠层图像，利用图像处理软件对作物冠层的色彩分量进行提取（Tavakoli et al.，2019），对应作物各生育时期进行营养状况分析，但由于硬件设备不同，图像获取的角度与高度等标准不同，图像处理软件各异，从而导致图像参数的提取误差相对较大（夏莎莎等，2018a，2018b）。为减少图像参数提取误差，本研究采用 Jia 等（2014）研发的冠层图像处理方法，将玉米冠层图像传输至计算机，使用 Visual Studio 平台、Visual C++ 和 MATLAB 软件联合开发的数字图像分析系统，将玉米冠层图像与土壤背景进行深度分割，提取 RGB 各参数波段的像元平均值，软件自动分割，自动提取，自动保存数据，可实现多点采样作物冠层图像数据分析，便于携带，可实现在田间实时操作。

迄今为止，基于图像处理技术提取作物冠层特征参数的研究，大部分建立在基于生长发育时间进行分析（贾彪等，2016；李亚兵等，2012），但按照作物生长发育规律来讲，积温直接影响作物的生长发育进程，生长天数与作物发育进程并不是因果关系，所以本研究选用 GDD 而未通过生长天数拟合冠层图像参数。分析了 6 个不同施氮水平下宁夏滴灌玉米冠层图像特征参数的差异，并对基于 GDD 的玉米冠层图像参数 R、G、B（图 7-1，图 7-2）进行了分析比较。不同施氮量对三维颜色空间 RGB 颜色系统拟合结果表明，施氮肥可显著降低图像特征参数 R 值、G 值，提高 B 值，因为氮肥供应量不同，玉米作物的营养吸收状态不同（宋桂云等，2017；李二珍等，2017），导致图像特征参数不同（Chilundo et al.，2017），为基于数字图像特征参数的作物长势监测和营养诊断提供了一定的理论基础。本研究结果表明，虽然 R 值和 B 值随生育期的推进表现先升高后降低的趋势（图 7-2），但由 R^2 比较可知，B 值随施氮量的变化无明显规律，且拟合的参数 c 值也趋于恒值，这主要是因为 B 值不受作物冠层的影响而变化，其变化是受土壤背景面积大小决定的（李二珍等，2017）。本研究结果表明，在玉米整个生育期 G 值一直高于 R 值（图 7-1，图 7-2），是因为玉米冠层叶片对绿光的反射率高于红光，与基于数字图像技术对滴灌棉花的生长监测研究结果类似（贾彪等，2016）。

前人的大量研究表明，不同的氮素营养状况直接影响作物冠层颜色特征参数（王远等，2012；Jia et al.，2014；Li et al.，2010；贾彪等，2016；Lee et al.，2013；Fan et al.，2017），Adamsen 等（2000）研究了颜色组合值 G/R 等与植株氮含量、作物叶片 SPAD-502 值等相关性很好。Wang 等（2013）对水稻营养生长阶段氮素营养状况进行了研究，经过图像分割，提取阈值的方法，认为冠层特征参数 G-R 与 G/R 是较好地表征水稻拔节期氮素营养状况的指标，并建立了相关函数关系。韩国学者 Lee K 和 Lee B 等运用同样的方法，获取水稻出苗期至拔节期这个关键时期的冠层图像，对水稻冠层图像参数 G/R、GMR（$G-R$）等进行了相关性分析（Lee et al., 2013）。研究认为，玉米六叶期和九叶期与氮素营养指标具有较高的相关性（夏莎莎等，2018a，2018b），本研究重点分析探讨了玉米六叶期（V6）和十叶期（V10）植株冠层图像参数和植株氮含量的相关性，研究结果表明，图像参数 $R/$（$R+G+B$）与玉米植株氮含量的相关性最高（表7-3），且冠层图像参数与植株氮含量在 V10 期的相关系数明显高于 V6 期。由此推测 V10 期可作为该区滴灌玉米氮素营养诊断的关键生育时期，这需要科技工作者进一步通过多年数据的验证与评价。

近年来，手机照相技术在不断进步，手机成本迅速下降，手机用途全力拓展，利用手机相机对作物进行监测具有便于携带、易操作、性价比高等优势，故应用手机相机提取玉米冠层图像参数应用前景广阔，可实现玉米的氮营养诊断。但在玉米不同生育时期，冠层颜色特征参数的变化与所需氮素临界值的关系需深入分析与探讨（夏莎莎等，2018a，2018b；张玲等，2018），且不同玉米品种间色差明显，为了更好地解决这一问题，通常情况下需要对该地域范围内玉米主栽品种进行整理（李少昆等，2017），通过归类建立基于该地区几个主要品种的数字图像处理与氮素营养诊断参数，这都需要在今后的研究中进行整理归纳，以大数据的形式为宁夏滴灌玉米提供参考依据。

7.4 结 论

自主研发手机获取玉米冠层图像装备，提取宁夏引黄灌区滴灌玉米整个生育期内 RGB 各参数波段的像元平均值；玉米冠层图像特征参数种，R 的拟合效果最好，可用于宁夏滴灌玉米长势监测的参考指标；玉米冠层图像参数与植株氮含量 V10 期的相关系数 $R/$（$R+G+B$）高于 V6 期，由此推测十叶期可作为该区滴灌玉米氮素营养诊断的关键生育时期。

8 基于归一化冠层覆盖系数的玉米果穗发育动态估算

果穗长、穗粗和穗体积等果穗形态参数是玉米栽培和育种中重要的分析指标，与籽粒产量紧密相关（岳海旺等，2018）。通常对玉米果穗分析主要通过人工测算（Liu et al., 2014），但对果穗破坏性强，测算时效性差，难以满足玉米信息化栽培管理和发展的需求（Walter et al., 2017）。目前，我国玉米栽培进入了黄金发展期，在关键技术创新和栽培理论应用等方面已取得一系列突破（李少昆等，2017）。基于图像处理技术的作物果穗生长动态自动监测，可迅速、准确地得出果穗表型参数（Miller et al., 2017；王侨等，2015），在很大程度上降低了人工成本，可获得人工测量过程中难以测定的参数值，如穗体积等（Grift et al., 2017；刘长青等，2014）。Makanza 等开发了一种低成本的数字成像设备，采用图像处理技术和方法自动监测玉米穗长与穗粗，其 R^2 均达到 0.97 以上（Makanza et al., 2018）。杜建军（2018）等提出一种利用玉米果穗全景图像，批量测定穗长、穗粗的数字化系统，其测定结果 R^2 均达到 0.91。但以上方法的监测时期一般为收获期的玉米果穗，对果穗灌浆动态的形态变化很难记录（杜建军等，2016；周金辉等，2015），然而在规模化种植与信息管理过程中，掌握玉米果穗表型灌浆动态是其产量形成的关键环节（汪顺生等，2015；Messmer et al., 2009；周琦等，2018）。李娜娜（2014）等利用 Logistic 方程对郑单958和陕单902玉米吐丝后穗长等形态参数进行了动态模拟和定量分析，取得了较高的预测精度（$R^2 > 0.929$）。

玉米果穗生长受氮肥影响明显（侯贤清等，2018；任佰朝等，2018；陈涛等，2016；Chilundo et al., 2017；Wasaya et al., 2017），施氮量不同，玉米冠层叶片长势表现出一定差异（张珏等，2018），从而影响叶片对光的吸收与反射（Zhou et al., 2017；Lee et al., 2013），进而影响果穗灌浆动态。在玉米灌浆过程中，若能通过冠层图像的差异来动态地反映不同施氮量下玉米果穗形态变化或果穗参数变化规律，这为基于冠层数字图像特征参数的玉米果穗形态参数估算提供了理论参考（夏莎莎等，2018a）。基于此，本研究拟通过手机相机获取不同施氮量下玉米灌浆过程中的冠层动态图像，同步测定玉米穗形态参数，利用数字图像处理技术，提取并筛选冠层参数，找出玉米果穗形态参数相关的冠层图像参数，建立基于冠层图像特征参数的玉米果穗形态参数动态模拟模型，实现对宁夏滴灌玉米灌浆过程穗生长发育动态快速拟合，为大面积快速监测玉米果穗形态提供新思路。

8.1 建模思路与材料方法

建模试验详见第 2 部分 2.2.2.2 试验 1 的实验设计。

测试项目与方法详见第 2 部分 2.2.5.3 穗形态参数测定；2.2.3.4 冠层图像获取；2.2.3.5 归一化冠层覆盖系提取；2.2.3.5 冠层图像敏感参数选取。

数据处理与模型评价详见第 2 部分 2.3 数据处理与模型评价。

8.2 研究结果与分析

8.2.1 施氮对穗形态参数的影响

从吐丝开始，玉米整个灌浆过程中，果穗形态参数随施氮增加呈现出相似的变化趋势（图 8-1），不施氮条件下，N0 各参数值显著低于其他处理，过量施氮处理（N5）后期，果穗出现低于 N4 的情况，但降幅较小，表现出抑制雌穗生长发育的现象。果穗形态参数值以 N4 最高，可以看出 N4 灌浆状况最好。由图 8-1 可知，在整个灌浆期，N3、N4 和 N5 处理的穗形态参数无显著差异；各处理果穗形态参数随灌浆进程呈现出先迅速增加后缓慢增加，在成熟期均达到最大值。

8.2.2 图像参数与穗形态参数间相关性分析

玉米穗形态参数穗长、穗粗和穗体积的相关性最好，相关系数都均大于 0.98（图 8-2）。由图 8-2 可知，本研究所选的玉米冠层图像敏感参数中，CC、G、ExG 与灌浆全程玉米穗形态参数具有显著相关性、而参数 R 和 N 与穗形态参数无显著相关。其中，CC 和 B 与穗表型参数呈现正相关，R、G 和 ExG 则呈现负相关，且 CC 与穗形态参数相关性最好，其相关系数与穗长最高，为 0.68，与穗粗和穗体积相对较低，均为 0.61；ExG 与穗形态参数相关性次之，其相关系数均大于 0.34；G 和穗形态参数的相关系数在 0.26~0.36。

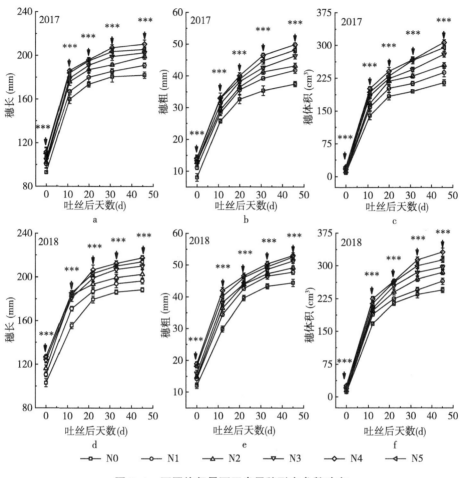

图 8-1 不同施氮量下玉米果穗形态参数动态

注： *** 表示在 0.001 水平差异显著。

8.2.3 基于图像参数 *CC* 的玉米果穗生长动态模拟

在玉米灌浆过程中，*CC* 与 3 个穗形态参数显著相关，相关系数不小于 0.61（图 8-3），这为基于 *CC* 为自变量的玉米穗形态参数估算提供了依据，故采用 Origin8.5 对 *CC* 和 3 个穗形态参数进行拟合，结果如图 8-3 所示，*CC* 与穗形态参数可用指数函数来表达，其中 *CC* 对穗长的预测精度最高，R^2 达到 0.714，与穗粗的预测精度次之，R^2 不小于 0.601，与穗体积的预测度 R^2 为 0.575。因此，基于数字图像参数 *CC* 可估算玉米果穗的生长发育动态。

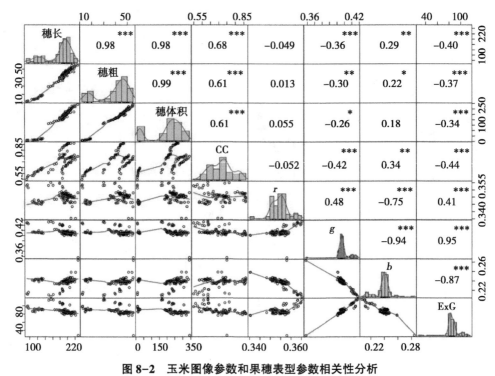

图 8-2 玉米图像参数和果穗表型参数相关性分析

注：对角线上部表示各参数间 Pearson 相关系数，星号表示显著性水平（*、** 和 *** 分别表示 $P<0.05$、$P<0.01$ 和 $P<0.001$）；对角线下部为各参数间散点关系图。

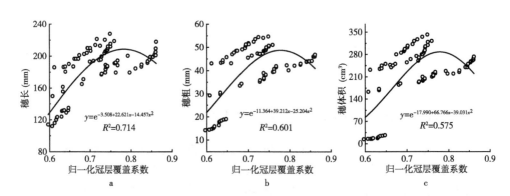

图 8-3 基于 CC 的玉米果穗生长发育动态模拟

8.2.4 拟合度评价

本研究采用 R^2、RMSE 和 nRMSE 评价指标，运用 2017 年采样数据对 2018 年拟合的基于 CC 的玉米果穗形态参数变化动态进行评价与检验。由表 8-1 建模集和与验证集的评价结果可知，基于 CC 的玉米果穗形态参数精度较高，其中 R^2 不小于 0.523、RMSE 不大于 68.986 cm^3 和 nRMSE 不大于 33.621%。由图 8-4 基于 CC 的模型预测值与实测值 1∶1 线可知，穗长、穗粗和穗体积 3 种模型的 R^2 均不小于 0.523，穗长的 R^2 最高，穗体积 R^2 次之，穗粗 R^2 最低。由此可见，基于手机照相获取玉米 CC 对穗形态参数的估算结果具有一定的可靠性，可为大面积快速监测玉米果穗形态提供新思路。

表 8-1 模型评价

自变量 (x)	因变量 (y)	建模集 (n=90)			验证集 (n=90)		
		R^2	RMSE	nRMSE (%)	R^2	RMSE	nRMSE (%)
归一化冠层覆盖系数	穗长	0.741	16.734mm	9.140	0.659	21.349mm	11.844
	穗粗	0.601	8.109mm	20.868	0.523	8.865mm	22.878
	穗体积	0.575	66.628cm^3	32.577	0.603	68.986cm^3	33.621

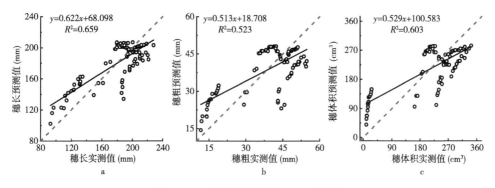

图 8-4 实测值与预测值 1∶1 关系图

8.3 讨 论

在玉米生产中，其生长发育动态与果穗形成过程受氮肥影响很大（Chilundo et al.，2017）。适量施氮可提高玉米叶面积、光合能力（任佰朝等，2018）和干物质积累（Ding et al.，2005），为玉米高产提供前提与基础（Wasaya et al.，

2017）。施氮对玉米果穗的影响，研究较多的集中在施氮对玉米产量的影响（Wasaya et al., 2017），较少关注对果穗形态和籽粒灌浆变化过程的动态分析与拟合。本研究通过2年田间试验与玉米果穗形态的跟踪观测，探讨施氮对玉米果穗变化动态的影响，找出不同施氮水平下玉米果穗生长发育的动态变化规律。本研究结果表明，玉米果穗形态参数穗长、穗粗和穗体积受氮素影响显著，随施氮的增加呈现增加趋势（图8-1），但N5处理在后期低于N4，N4（360kg·hm^{-2}）的果穗形态参数达最高，这说明施氮可促进玉米穗长和穗粗发育，进而促进穗体积增大，但过量施氮效果欠佳，适量施氮方可达到高产目的（周琦等，2018；侯贤清等，2018）。由此可见，在玉米果穗形成过程与籽粒建成期，合理地控制氮肥用量是获得理想果穗形态的关键，也是形成玉米高产的重要因素。

不同施氮量下玉米长势和营养状况存在一定差异（Chilundo et al., 2017；Wasaya et al., 2017），从而影响玉米冠层对光的吸收与反射作用（Lee et al., 2013），使得玉米冠层叶片颜色存在差异，其冠层图像参数也出现差异（Zhou et al., 2017），这为利用冠层图像参数拟合与估算玉米生长发育过程提供了理论依据（贾彪等，2016）。大量研究表明，作物冠层图像参数与农学农艺参数具有一定相关性（刘长青等，2014；杜建军等，2016；汪顺生等，2015；侯贤清等，2018），通过玉米等作物冠层图像参数可提高预测作物农艺参数（刘长青等，2014；杜建军等，2016；汪顺生等，2015；侯贤清等，2018）。基于前人的研究基础，本研究应用手机拍照获取玉米吐丝以后各氮素处理的冠层图像，选取与农学参数相关性高的敏感图像参数与玉米穗长、穗粗和穗体积等参数进行相关性分析（Kawashima et al., 1998；Ding et al., 2005），相关系数由大到小依次为 $CC>ExG>G>B>R$，各参数之间均达到了显著相关，且相关系数均不小于0.61（图8-2），这为基于作物冠层数字图像处理技术的玉米果穗形态参数拟合与估算供了理论依据。

本研究结果发现，TC19玉米品种 CC 与3个形态参数间（穗长、穗粗和穗体积）存在非线性指数函数关系（图8-3）；由建模集与验证集的 R^2、$RMSE$ 和 $nRMSE$ 值（表8-1）可以看出，CC 可作为玉米穗形态参数的一个评价指标，且 CC 是玉米冠层图像获取中较易获取的参数，也是图像处理中较为有效的方法，实用性强，可用于实际生产过程中穗形态的估算或预测。然而 CC 与玉米果穗形态参数的拟合精度相对来说并不是很高（表8-1），其原因是各氮素处理下玉米果穗形态参数随生育期的推进都呈增加趋势，而玉米到生育后期冠层绿叶面积恰好在不断减小，随果穗生育进程的不断推进，CC 与穗形态参数变化趋势相反，使得二者动态拟合的精度降低。但图像参数 CC 降低趋势与穗形态参数增加趋势不能反映施氮量对 CC 和形态参数的影响，所以二者相关性分析结果依然呈正相关（图8-2）。因此，本研究采用手机相机照相技术获取玉米 CC，为解决玉米果穗生长发育动态的监测提供了一个快速有效的方法，但是本研究仅对宁夏引黄灌区近年来主栽的单一玉米品种'TC19'进行冠层图像采集、试验数据获取和参数分析，探讨了其冠层叶片图像参数与果穗形态间的动态函数关系，存在一定的局限性，由于不同品种收获指数差异较大，下一步研究需要增加至少5种不同年代主栽品种作为试验对象进行分析研究，解析不同品种冠层叶片色差等，归纳整理多品种玉米冠层图片特征，建立地域范围内不同品种玉米冠层叶片图像参数与果穗形态参数数据库，以增加玉米果穗形态参数动态拟合的应用范围，同时对玉米籽粒及苞叶动态发育也需进行深入探讨，系统地研究基于数字图像参数的玉米果穗形态监测（王侨等，2015；刘长青等，2014；杜建军等，2016），提高模型的通用性和实用性。

随着手机用途的不断拓展、成本的不断降低，应用手机照相提取农作物冠层图像特征参数的应用前景广阔，且手机便于携带，易操作，通过手机相机照相技术对作物进行监测成为农业信息化研究的焦点。然而，本研究采用手机拍照提取玉米冠层图像参数时，在拍摄过程中，由于不同生育时期光照强度差异大，造成拍照时产生系统误差，从而导致玉米冠层图像参数与果穗表型参数间相关性下降。如何消除不同时段、不同光强对手机图像的影响，筛选作物最佳拍摄时间段是下一步试验设计深入研究和技术突破的关键。另外，还要建立不同收获指数玉米品种冠层图像数据库与穗形态知识库，搭建手机 APP 模式，以大数据的形式，提高智慧农业监测范围与监测精度，为宁夏滴灌玉米的动态监测提供参考。

8.4 结 论

应用手机相机获取宁夏滴灌玉米不同施氮量下吐丝后的冠层图像，同步测定果穗形态参数，分析基于冠层图像参数的玉米果穗形态参数生长发育动态，施氮可显著提高玉米果穗表型参数，穗长、穗粗和穗体积以 N4（360kg·hm^{-2}）最高，可推出宁夏滴灌玉米的最佳施氮量接近于 360kg·hm^{-2}。

玉米冠层图像敏感参数 CC、ExG 和 G 与 3 个果穗形态参数显著相关，其中 CC 与 3 个果穗形态参数相关性最高，相关系数均大于 0.61；R 和 B 与 3 个果穗形态参数无显著相关。

拟合了 CC 与玉米果穗形态参数的动态函数关系，并用 2017 年田间数据对函数关系进行评价，精度相对较高，其拟合集和验证集 R^2 不小于 0.523，穗体积 RMSE 不大于 68.986cm^3，nRMSE 不大于 33.621%。

9 基于无人机的水肥一体化玉米出苗率估算

出苗率在很大程度上决定农作物生长状况，同时也是农作物获得高产的一个重要参考因素。因此，确定某一地块作物成苗程度，得知该地块的最佳出苗数量至关重要。我国西部宁夏地区春季多风少雨，土壤墒情相对较差，春播玉米的出苗率受到严重威胁，单位面积内玉米出苗率过低导致玉米减产（刘玉涛，2000）。种植户或农业技术工作人员通常在玉米苗期（第二叶或第三叶期）进行人工点数玉米植株的数量，以便及时补苗，但是对于大面积的田间种植，玉米植株数目统计工程量大，耗时费力，工作时间长，工作效率低，劳动成本高，且人工统计过程中容易出现误查漏数现象，统计出入大，最后得出的出苗率误差大（刘萍等，2004），严重影响出苗率的计算精度（贾洪雷等，2015；胡炼等，2013），不利于玉米生产者及时采取有效的补救措施（雷亚平等，2017）。因此，急需一种省时、省力、高效、精确的出苗率获取方法。

目前，获取田间作物出苗率的方法大致可分为人工点数、机械手点数（Maciel et al.，2002）、光电传感（朱启兵等，2012）和机器视觉 4 种（周竹等，2012）。其中，运用机器视觉技术获得某一地块作物幼苗数量来计算出苗率，不但省时省力，而且计算结果精确可靠（贾洪雷等，2015），因为玉米作物幼苗期的株型结构很适合垂直俯拍。与人工点数和机械手点数相比，基于机器视觉技术的设备（无人机搭载数码相机）进入田间地头，更有利于操作与控制，且测量数据精准。

随着无人机的日益成熟，使得无人机平台的新型近地遥感技术备受农业生产者青睐（李文勇等，2014；汪沛等，2014）。近年来，国内外学者利用无人机获取遥感信息进行作物生长监测、营养分析等研究，并取得了一定的成效（田振坤等，2013；Hunt et al.，2010）。如利用无人机遥感小麦、玉米等作物进行监测，建立了作物生长状况指标与图像特征值之间的关系模型（Hunt et al.，2010；Sugiura et al.，2005；牛庆林等，2018）。但目前绝大部分学者都是根据不同作物的生长特征建立关系模型，针对玉米作物的无人机玉米出苗识别的研究较少，鉴于此，本研究通过采用无人机获取滴灌水肥一体化玉米幼苗期（灌出苗水 30d

后，玉米为 2 叶 1 心）图片，使用图像处理技术将无人机遥感图像进行识别与分析，提取玉米出苗情况，计算不同氮素处理的出苗率，并建立基于无人机与机器视觉的玉米出苗关系模型，为精准农业作物生产管理及时、准确地信息获取提供数据支撑。

9.1　建模思路与材料方法

建模试验详见第 2 部分 2.2.2.2 试验 1 的试验设计。

测试项目与方法详见第 2 部分 2.2.3.4 玉米冠层图像获取；2.2.3.6 玉米冠层图像特征参数筛选。

数据处理与模型评价详见第 2 部分 2.3 数据处理与模型评价。

9.2　研究结果与分析

9.2.1　基于 ORB 算法与距离加权融合算法的无人机图像合成

无人机采集的玉米有苗期原始图像（图 9-1b），通过 ORB 算法拼接后出现明显的广角效应，为了更好地寻找特征点进行匹配，滤除失误匹配点，本研究结合距离加权平局的拟合算法，计算重叠区域中的点到重叠区域左边界和右边界的距离比值来得到相应的权值（图 9-1c），并通过修正、提纯、合理优化、对齐拼接、算法合并拼接处理（图 9-1d），既避免了田间图像信息丢失，又有效更正了广角效应。为有效展现无人机拍摄玉米田间地块区组的精准区域，本研究每个区组拍摄 113 幅图像，并进行 ORB 算法与距离加权融合算法合成，便于后期精准统计玉米株数和计算出苗率。

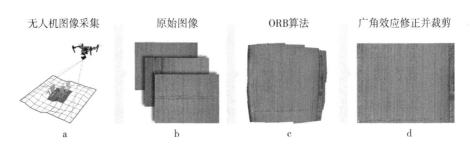

图 9-1　ORB 算法与距离加权融合算法合成图

如图 9-2a 所示，利用 Python 和 OPENCV 面向对象的程序设计语言对玉米无人机图片颜色域进行识别，确定玉米植株幼苗叶片颜色色域六角锥体模型（HSV）的阈值，使用颜色空间转换函数 cvCvtColor 函数实现 RGB 向 HSV 转换，从而获取无人机玉米幼苗期图像每个像素点的六角锥体模型色调参数（H）、六角锥体模型饱和度参数（S）和六角锥体模型明度参数（V），然后通过阈值判断，其纯度 H 量阈值为 $45°\sim85°$ 时，可明显分离玉米幼苗冠层图像与土壤背景层图像（图 9-2b）。然后进行二值化图像处理如图 9-2c 所示。获取二值图像后，由于田间玉米出苗状况参差不齐，部分玉米幼苗并进到三叶期，叶片图像过小或由于提取图像时部分玉米植株不明显，采用腐蚀膨胀法对图像进行膨胀处理，加强部分玉米小苗在图像中的显示，去除孔洞使其更清晰，并采用异常值剔除法对杂草进行剔除，由于部分杂草也处于苗期，面积虽然过小，但也会被识别出来，所以本研究依据图像空间的分辨率，选用 OPENCV 删除二值图像中面积较小的连通域，访问二值图像每个点的值搜索二值图中的轮廓，从轮廓树中删除面积小于 40 个像素阈值 MINAREA 的轮廓，并开始遍历轮廓树，当连通域的中心点为白色时，而且面积较小则用黑色进行自动填充，得出深度优化后的玉米苗期图像（图 9-2d）。

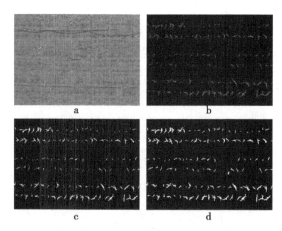

图 9-2　玉米植株提取与深度优化图

9.2.2　玉米植株标记与计数

通过对玉米植株提取与深度优化，可以较好地对玉米幼苗进行识别与提取。然后运用 MATLAB 8 位连通域计算方法进行自动计算出苗数量，得出玉米出苗率状况。在本研究中，由于玉米种植按宽窄行进行，两行玉米种植在滴灌带的两侧，也就是播种模式的窄行处，为了自动精准区分出各试验小区玉米幼苗，计算机通过图像计数时，以每根滴灌带为单位进行玉米幼苗识别与计数。计数路线是按空间信息转换而来的点创建并记录数据，计数路线由滴灌带两侧所包含的点累加，根据玉米幼苗行数 y 轴和 x 轴分割的目标转换点以及玉米种植时的株距进行分类和标记。使用 ARCMAP 10.3 沿着 y 轴连接具有相同标记的点与行间距来生成玉米幼苗识别记录路线。图 9-3a 为膨胀去杂处理，图 9-3b 为定义每株玉米幼苗，图 9-3c 为分类标记，图 9-3d 为连接点并平滑计数路线，结合二值图像精确计算各试验小区每条滴灌带上的玉米幼苗。

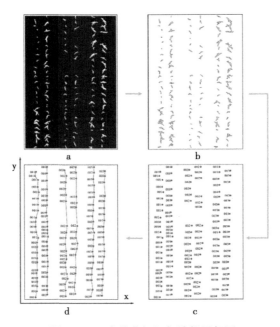

图 9-3　玉米幼苗标记与计数局部图

9.2.3　基于无人机标记的玉米出苗率误差评估

为了验证无人机标记与计数方法的准确性，本研究共拍摄 3 个重复的 2 个区组，每个区组包含 N0~N5 6 个试验小区，每个小区包含 4 个滴灌带，共 12 个小区，48 条滴灌带，均通过人工调查计数与无人机标记获取的数字图像分析处理来计数。玉米实际数量为两区组中实施不同氮素处理的人工调查计数的玉米植株数量，无人机标记为无人机搭载数码相机获取数字图像计数，进行建模和试验误差分析，误差计算公式如下所示（贾洪雷等，2015）。

$$w(\%) = \frac{|R - A|}{R} \times 100$$

式中，ω 为误差，R 为人工调查的玉米植株数量，A 为无人机搭载数码相机获取数字图像计数所得的玉米幼苗数量。

表 9-1　无人机标记误差分析结果

分组	处理	计数方式	试验小区				误差
			滴灌带 1	滴灌带 2	滴灌带 3	滴灌带 4	
区组 1	N0	R0	178	186	192	196	0.532
		A0	173	189	195	191	
	N1	R1	156	180	166	151	0.306
		A1	155	178	164	158	
	N2	R2	171	198	175	149	0.866
		A2	173	199	177	150	
	N3	R3	165	174	192	193	1.657
		A3	163	176	182	191	
	N4	R4	189	177	186	179	1.778
		A4	192	183	185	184	
	N5	R5	173	187	197	179	0.543
		A5	175	186	193	178	
区组 2	N0	R0	184	150	183	165	1.32
		A0	194	154	183	160	
	N1	R1	188	168	189	158	3.983
		A1	181	162	182	150	
	N2	R2	166	195	182	166	1.128
		A2	167	200	184	166	
	N3	R3	179	179	171	208	0.95
		A3	176	186	176	206	
	N4	R4	197	183	172	193	0.537
		A4	191	186	176	188	
	N5	R5	185	170	180	188	0.415
		A5	185	174	177	190	
	实际播种数		200	200	200	200	

由表 9-1 计算结果可知，人工计数与无人机标记在图像识别的误差 ω 存在一定的误差，平均误差为 1.168%。且无人机标记结果与人工计数之间满足线性回归分析模型。由表 9-2 结果可知，区组 1 与区组 2 的试验结果均显示为无人机标记结果与人工计数获取的每个区组实施不同氮素处理小区的总玉米植株数量呈线性相关关系，且不同氮肥处理间参变量 k、B 均具有明显的规律性变化，其中 k 值随着施氮肥的增加而减小，B 值随着施氮肥的增加而增加，即 $k_{N0} > k_{N1} > k_{N2} > k_{N3} > k_{N4} > k_{N5}$，$B_{N5} > B_{N4} > B_{N3} > B_{N2} > B_{N1} > B_{N0}$；其决定系数 $R^2 > 0.720$。

表 9-2　无人机标记玉米出苗率函数关系

分组	氮素水平	参数值		RMSE	nRMSE（%）	R^2
		k	B			
区组 1	N0	1.087	−17.348	4.123	2.193	0.776
	N1	0.999	1.572	3.808	2.333	0.908
	N2	0.796	33.835	1.581	0.913	0.999
	N3	0.778	39.587	5.292	2.923	0.873
	N4	0.761	39.889	4.213	2.305	0.720
	N5	0.610	74.556	2.345	1.275	0.990
区组 2	N0	1.147	−15.146	5.937	3.482	0.895
	N1	1.102	1.508	7.036	4.003	0.997
	N2	1.014	26.157	2.739	1.545	0.999
	N3	0.859	32.990	4.664	2.531	0.914
	N4	0.830	34.104	4.637	2.490	0.926
	N5	0.560	81.011	2.693	1.490	0.857

通过构建人工计数与无人机标记图像计数之间的线性关系模型（图 9-4）可知，其相关模型检验参数 R^2、RMSE 和 nRMSE 分别为 0.895、4.359 和 2.436%。线性模拟模型精确度相对较高，能准确地通过无人机平台进行玉米幼苗期植株数获取，并计算其出苗率。

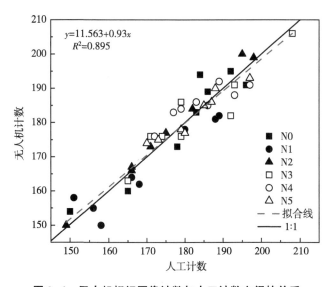

图 9-4　无人机标记图像计数与人工计数之间的关系

9.3 讨 论

　　玉米出苗率达不到播种的密度会造成玉米后期产量不足,玉米苗期植株矮小且脆弱,不利于大型机器进入点数(胡炼等,2013;雷亚平等,2017)。近年来采用无人机搭载数码相机低空飞行标记的能力,弥补了现有人工点数和机械点数等方法(贾洪雷等,2015)。本研究通过无人机航拍影像获取玉米植株幼苗期植株图像,运用基于 ORB 算法与距离加权融合算法的无人机图像合成(图 9-1),并运用 Python 和 OPENCV 面向对象的程序设计语言对玉米无人机图片颜色域进行识别,确定玉米植株幼苗 H 阈值范围,分离玉米图像与土壤背景层图像,采用灰度运算、二值化处理、膨胀处理和深度优化处理,得到玉米苗期图像(图 9-2),然后运用 MATLAB 8 位连通域计算方法进行自动计算出苗数量,对玉米幼苗植株标记与计数(图 9-3),最终得出玉米出苗率。解决了无人机航拍过程中受复杂环境如天气、噪声、叶片之间的遮挡等影响计数的问题(Sugiura,2005),此方法是基于机器视觉传感的计数器,它们对玉米进行连续拍照,然后对图片进行分析处理,后得出玉米植株数量(田振坤等,2013;Hunt et al.,2010)。此方法很适合点数幼苗期的玉米植株数量,此阶段也适合无人机垂直拍摄,计数结果较精确(Sugiura,2005)。

　　本研究结果表明,无人机搭载的数码相机进行分析点数结果满足线性函数关系模型(图 9-4),通过表 9-1 的决定系数 R^2、$RMSE$ 和 $nRMSE$ 值可以看出,此模型可以作为无人机点数解决宁夏玉米出苗率运算,虽然有一定误差,但误差并不会因施氮肥量的增加而导致试验结果偏大,出苗率也并未因施氮素越多,玉米幼苗长得越大反而计数增多,其主要原因是高施氮肥玉米幼苗相对来说长得较大些,无人机图像识别更清晰,计数更为精确,误差也就越小。因此,由图 9-2 的计数结果可知,N0、N1、N2 要比 N3、N4、N5 误差相对大些。另外,由于无人机搭载高清相机像素毕竟存在一定的局域性,所以在玉米幼苗时期从田间获取遥感图像过程中,拍摄一组互相有重叠的局部图像,并进行图像拼接,通过算法生成包含着这组局部图像的一幅完整的宽视场图像(周竹等,2012)。本研究采取无人机搭载数码相机,相比多光谱和高光谱传感器,无法获取所有光谱信息,因此采用超高分辨率的成像特点对玉米出苗期植株精准识别与提取至关重要。

　　当无人机搭载数码相机分析点数结果小于人工点数数量时,误差产生的因素主要有 2 个,其一是播种机播种时出现误差,小部分玉米种子并未播种到试验田土壤中去,导致使用手提式便携播种机进行 1 次补播,在玉米生长二叶期至三叶期进行无人机出苗点数时，补苗玉米叶片过小，导致图像处理识别过程中，误认为是噪声，忽略掉补播后的玉米幼苗，或者把玉米幼苗误算为杂草排除掉。补苗图像信息损失，产生误差。其二是首播的玉米种子在三叶期间成长迅速，叶面积过大，和相邻玉米植株叶子有所重叠，在计算机二值图像处理算法中，重叠部分呈现白色，导致部分植株边缘提取失败，计算机误认为 2 株玉米或多株重叠玉米幼苗为 1 株，从而产生误差。当无人机分析点数结果大于人工实际点数数量结果时，产生误差的原因一是试验田中部分杂草由于生长过快，茎秆粗壮，叶面积过大，如黄花蒿、苍耳等杂草植物，在二值图像处理算法中会被认为是三叶期的玉米幼苗（贾洪雷等，2015）。二是个别玉米幼苗在拍摄角度上，因光照较强，反射较强，数码相机在拍摄时不能拍摄出完整的玉米幼苗，产生茎叶相连部分导致边界提取被误判，从而产生误差。因此，基于无人机遥感技术获取农田作物信息是近年来的研究重点，还需要进一步开发无人机遥感信息获取系统获取农田作物长势信息，指导精准作业，实现对农作物精准管理，推动精准农业全面发展。

9.4 结 论

采用低空无人机捕获的超高分辨率 *RGB* 图像估算玉米出苗率。运用 MAT-LAB 二值图像与 ARCMAP 进行画行线点相结合，对玉米幼苗识别和分割方法可靠。

建立回归分析模型是一种快速有效的玉米苗期计数方法，其相关系数 R^2、*RMSE* 和 nRMSE 分别为 0.895、4.359 和 2.436%。虽然存在一定的试验误差，但误差不会随着无人机采集图像中玉米幼苗数量的增加而增大，但本研究有助于实际生产过程中对玉米植株的统计和出苗率的计算。

本研究仅对单一玉米品种（TC19）进行人工与无人机出苗率建模，此方法为通用方法，公式参数是否适用于其他品种是下一步研究的重点。

10 滴灌玉米叶面积指数归一化建模与特征分析

叶片是作物进行光合作用的主要器官，*LAI* 也是作物生长监测的重要指标，并用于代表生态系统生产力（李永秀等，2006；Jonckheere et al.，2004）。在作物生产中，理想的 *LAI* 是培养作物合理的群体结构和提高产量的基础（张怀志等，2003）。但传统测定法获取 *LAI* 预测作物的生长状况费时费力（刘镕源等，2011），仅适合表达小范围的测量信息（Bréda，2003；Jan et al.，2017），推广应用受限。作物生长模拟模型是现代信息化手段获取作物生长发育状况的重要方法，利用叶面积估算模型是现在研究较为通用的方法，可预测作物整个生长发育进程。

农作物的叶面积动态易受光照和温度等条件影响，作物叶面积动态随 *GDD* 的影响已有相关研究（Chen et al.，2018；王贺垒等，2019；吕新，2002）。*GDD* 作为作物生长的重要指标，用积温代替时间动态更具有代表性，更能反映玉米的生长状况（吕新，2002）。李书钦（2017）等基于 *GDD* 构建冬小麦返青后叶长和最大叶宽动态模型，运用 Logistic 方程模拟 *LAI* 动态，可较好地预测冬小麦的生长状态，探讨了不同品种冬小麦在不同施氮水平下的叶片生长变化（Chen et al.，2018）。王贺垒等（2019）建立了基于 *GDD* 的设施茄子推导 *LAI* 动态模型，修正 Logistic 方程表达式，有效确定番茄的蒸散量。孙仕军等（2019）以有效耕层积温为自变量，在雨养区不同覆膜下分别以 *LAI* 和株高为因变量建立 Logistic 模型，研究了整个生育期内玉米主要生长性状模型。本研究借鉴前人研究的 *LAI* 模拟模型优点，应用"归一化"方法，以 *GDD* 为自变量，*LAI* 为因变量，建立不同氮素水平滴灌玉米 *LAI* 模型，分析平均叶面积指数（*MLAI*）与最大叶面积指数（LAI_{max}）对玉米群体生长指标的影响，为宁夏滴灌玉米 *LAI* 动态模拟精度提供技术途径。

10.1 建模思路与方法

建模试验详见第 2 部分 2.2.2 试验 1、试验 2 的试验设计。

测试项目与方法详见第 2 部分 2.2.4.4 叶面积测算与 *LAI* 归一化；2.2.4.1 有效积温计算。

数据处理与模型评价详见第 2 部分 2.3 数据处理参与模型评价。

10.2 研究结果与分析

10.2.1 玉米叶面积指数动态变化规律

从叶面积指数动态变化曲线可得出（图 10-1），随着生育天数和有效积温的不断增加，*LAI* 呈现先增后减的趋势，且在玉米收获时有效积温达到 3 219℃。N0 处理由于氮素供应不足，*LAI* 在整个生育期一直低于其他处理；在生育前期，N3、N4 处理保持较高的叶面积指数，而 N1 、N0 处理下 *LAI* 迅速下降。高氮处理（N3）由于供 N 充足，则 *LAI* 在乳熟期之前高于其他处理，之后由于营养生长过旺，与 N4 处理 *LAI* 差异不明显。N3 和 N4 处理 *LAI* 在生育中后期一直保持较高值，说明施氮肥可提高玉米叶面积指数。不同施氮量处理玉米 *LAI* 均为单峰曲线，在吐丝期达到峰值，平均为 7.14；而在拔节期和收获期都较低，年际间 *LAI* 变化趋势基本相同，均表现为缓慢增长、快速增长和后期逐渐缓慢下降的偏峰曲线。将 LAI_{max} 定位为 1，用 RGDD 表示生长时期，则可以减小或消除玉米生育期天数和不同施氮量的差异，数据的离散程度会降低。由此，利用归一化数据模拟玉米 *LAI* 动态变化，建立适用于不同施氮量处理的 *LAI* 模型。

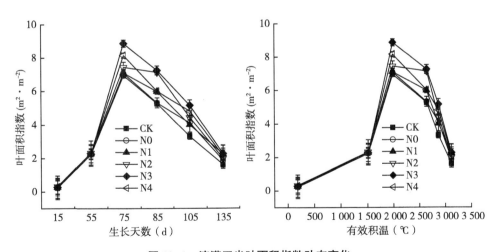

图 10-1 滴灌玉米叶面积指数动态变化

从统计参数来看（表 10-1），不同氮素处理玉米在吐丝期群体 *LAI* 变异程度较小，即各不同氮素处理在不同年份间差异小。而在收获期和拔节期变异系数大，且收获期比其他各时期都高，达 79.81%，不同氮素处理之间差异较大。

表 10-1　2017—2018 年玉米不同 N 素处理关键生育时期叶面积指数

统计参数	苗期	拔节期	吐丝期	吐丝后 30d	蜡熟期	收获期
均值	0.19	1.88	7.14	5.99	4.09	2.08
标准差	0.03	0.45	0.54	0.88	1.26	1.66
变异系 *CV*（%）	15.79	23.94	7.56	14.69	30.81	79.81

10.2.2　作物相对化 *LAI* 动态模型的建立

对玉米从苗期到吐丝后 30d 的 *LAI* 和 *GDD* 进行归一化处理后，用 Curve Expert 1.38 软件对相对叶面积指数（*RLAI*）和相对有效积温（*RGDD*）模拟，得到有理方程、余弦曲线、logistic、MMF model 和二次函数等多个模拟方程，取其中模拟较好的 5 个模拟方程，可以得出，模型以余弦曲线、Logistic 方程和有理方程模拟较好，各相关系数分别达到 0.981、0.976、0.982。为进一步筛选玉米的 *RLAI* 随 *RGDD* 的动态模型变化结构，利用求极限值（张宾等，2007；麻雪艳等，2013）的方法分析筛选并对这 3 组模型求拟合值。

$$\lim_{x \to \infty}(\frac{a}{1 + be^{-cx}}) = a \tag{10-1}$$

$$\lim_{x \to \infty}[a + b\cos(cx + d)] = \infty \tag{10-2}$$

$$\lim_{x \to \infty}(\frac{a + bx}{1 + cx + dx^2}) = 0 \tag{10-3}$$

公式（10-1）和（10-2）均不能对玉米 *LAI* 的变化趋势做出有效的解释，公式（10-3）中当 $x=0$ 时，$y=a$，即为玉米出苗时 *RLAI* 值；当 $x=1$ 时，$y=(a+b)/(1+c+d)$，$(a+b)/(1+c+d)$ 即为成熟期的玉米的 *RLAI*。方程只有一个峰值，且当 $x \to \infty$ 时，$y \to 0$，即说明有理方程能够对玉米生长较合理地进行解释。由此，在多种模型筛选中，发现有理函数模型最能反映玉米 *RLAI* 动态，故选择有理方程 $y=(a+bx)/(1+cx+dx^2)$ 为不同氮素处理玉米的生长过程。其模型参数 *a* 为出苗时的 *RLAI* 值，$(a+b)/(1+c+d)$ 为成熟时 *RLAI*，方程模拟准确度高。对应的模型方程如图 10-2 所示。其模型方程通式为 $y=(-0.080+0.510x)/(1-2.191x+1.680x^2)$，$R^2=0.982$。

由 *LAI* 动态模型模拟的不同氮素处理的玉米模拟值与实测值真实性较好，能够很好地反映玉米的 LAI 动态变化，且相关系数高（$R^2 = 0.982$）（表 10-2）。对宁夏地区不同氮素处理及不同年份栽培的玉米具有通用性（图 10-2）。

表 10-2　玉米归一化相对 LAI 动态共性模型

序号	模拟模型	参数				相关系数 R^2
		a	b	c	d	
1	$y = (a+bx)/(1+cx+dx^2)$	−0.080	0.510	−2.191	1.680	0.982 **
2	$y = a+b\cos(cx+d)$	0.519	0.501	4.589	2.480	0.981 **
3	$y = a/(1+be^{-cx})$	0.965	194.174	11.252		0.976 **
4	$y = (ab+cx^d)/(b+x^d)$	0.056	0.014	0.980	5.772	0.973 **
5	$y = a+bx+cx^2$	−0.660	3.444	−1.832		0.960 **

注：模型中 x 为 $RGDD$，y 为 $RLAI$，** 显著性在 0.01 水平。

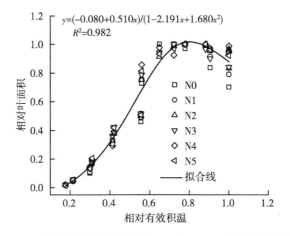

图 10-2　基于有理函数的玉米 $RLAI$ 与 $RGDD$ 动态模型曲线

10.2.3　相对化 LAI 动态模拟模型的检验

采用试验 2 的玉米 LAI 测量值进行全生育期间的 LAI 动态模拟，将得到的模拟值与实测值进行比较（图 10-3）。分析图 10-3 得出，由 $RLAI$ 模型模拟所得整个生育时期的模拟值与实测值比较接近真实，模拟结果的准确性（k）变化范围在 0.933~1.035，近似于 1，越接近于 1 则准确度越高。模拟的精确度（R^2）在 0.972~0.974，说明相对化动态模型的模拟准确度较高，模拟结果能很好地反映玉米群体 LAI 动态变化。

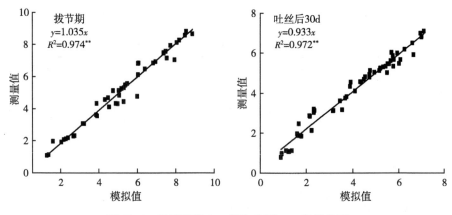

图 10-3　玉米模拟 *LAI* 值与实测 *LAI* 值的关系

10.2.4　玉米群体 *RLAI/LAI*ₘₐₓ 的关系

计算不同氮处理的玉米平均叶面积指数（*MLAI*）（张宾等，2007），取 2017 年和 2018 年两年数据 6 个不同氮素处理的叶面积的平均值。由图 10-4 表明，在玉米整个生长时期，*MLAI* 与 *MLAI* 和 *LAI*ₘₐₓ 的比率随施氮量的增加呈现显著性变化关系。随着生育期进程施氮量的增加，*MLAI* 呈现二次函数递增的趋势（图 10-4a），其拟合曲线方程为 $y = -0.033\ 0x^2 + 0.022\ 4x + 1.212\ 6$（$R^2 = 0.985\ 6$）；

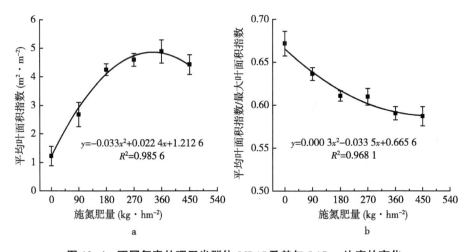

图 10-4　不同氮素处理玉米群体 *MLAI* 及其与 *LAI*ₘₐₓ 比率的变化

$MLAI$ 与 LAI_{max} 的比率随着施氮量的增加呈现二次函数递减的走势，其拟合曲线方程为 $y=0.000\,3x^2-0.033\,5x+0.665\,6$（$R^2=0.968\,1$）。说明施氮量的增加促进了玉米 $MLAI$ 的增加，同时也限制了玉米最大生产潜力的增长。

10.3　讨　论

　　氮素是玉米作物生长吸收最多的矿质元素，对作物器官形态建成和叶片生长速率等影响明显（Li et al.，2011）。叶片是光合作用的主要场所，叶片是玉米物质生产和产量形成的基地（Fang et al.，2018；董树亭等，1997）。研究表明，适量施氮可有效延缓玉米叶片衰老，改善玉米叶片光合特性，从而显著增加玉米产量（Lizaso et al.，2003；姜涛，2013）。本研究结果表明，在全生育期中，玉米群体 LAI 随着不同氮素施肥处理呈先增加后降低的变化趋势，N0 的 LAI 保持最低，N4 最高（图 10-1），说明过量施氮导致生育后期叶片早衰，LAI 降低。因此，适量施氮可提高玉米群体的物质生产水平，可提高玉米群体光合性能，从而使产量达到最大，过量施氮则抑制玉米实现最大生产潜力。

　　作物生长模拟模型的应用对于农业生产具有重要意义，其可预测作物的产量，为提高作物高产提供理论依据（杨华等，2016）。张宾等（2007）运用"归一化"的方法，建立了 LAI 动态模拟模型，实现了模型分析作物 LAI 动态的普适性，但并未考虑品种的光周期和积温效应。吕新等（2002）采用积温变量代替时间变量来衡量玉米生长状况比生长发育天数更直观。近年来，大量研究利用获取模型变量 LAI 数据来调整模型参数，减小作物模拟模型的误差，达到模型的准确实用（Xu et al.，2017）。如将 LAI 数据产品同化到 WOFOST（World Food Study）冬小麦过程模型，优化出苗期和土壤水分含量模型参数，缩小了冬小麦估产误差（Ma et al.，2013）。Cheng 等将时间数据同化到 WOFOST 模型中优化 LAI 模型及其参数，提高了春玉米产量估测精度（Cheng et al.，2016）。本研究基于以不同氮素调控下 GDD 与玉米 LAI 动态变化关系建立了有理函数模型（图 10-2），其模型绝对系数达 0.982，结合玉米生理生态过程，并利用此玉米 LAI 模型对玉米整个生育时期 LAI 动态进行估测。本研究结果与张宾（2007）等以相对生育时间建立的玉米 LAI 模型相似，且能更准确地模拟宁夏滴灌玉米 LAI 动态变化。由此可以看出，作物生长过程模拟模型的有效应用，均需要对模型参数进行区域性调整或优化，如模型的同化方法有待深入研究（黄健熙等，2018；解毅等，2016；Li et al.，2011）。

　　LAI 是反映作物整个生育时期光合性能的重要指标，直接影响着群体光合能力和经济产量的形成（李向岭等，2012）。LAI 在一定程度上还可反映作物群体整个生育期的物质生产状况（张宾等，2007）。有研究表明，在各生育时期，施氮量对 LAI 影响显著（王进斌等，2019），合理施氮可以延缓花后植株叶片的衰老和脱落，延长 LAI 的高值持续期（武文明等，2017）。在本研究中，不同氮素处理对整个玉米生育期具有明显的调控作用，LAI 随施氮量增加而增大；$MLAI$ 随施氮量的增加呈正相关，而 $MLAI$ 与 LAI_{max} 的比率则随施氮量呈负相关（图 10-4），进一步说明适量的施氮对提高玉米 $MLAI$ 具有重要意义。本研究只在不同施氮量下对玉米 LAI 和 GDD 之间的模拟模型进行验证（图 10-3），光照和温度对玉米叶片的伸展和衰老速率影响还需进一步研究。此外，对模型求导还可计算出任意时间的 LAI 变化速率，LAI 生长速率与土壤中的氮和碳含量有关（Hirooka et al.，2017），这在以后的研究中也需进一步明确完善。

10.4　结　论

将玉米 LAI_{max} 和从出苗期到收获期的 GDD 定位为1，对归一化处理后 $RLAI$ 和 $RGDD$ 来进行模拟，建立了 LAI 动态模型 $y=(a+bx)／(1+cx+dx^2)$，并对模型进行检验，结果表明此模型的准确度总体达到 0.933 以上，精确度在 0.972～0.974，玉米 LAI 动态模型从玉米苗期就能准确地进行 LAI 动态预测，为研究模拟宁夏玉米 LAI 的动态变化特征提供了新的思路与有效方法。整个生长过程中，玉米 $MLAI$ 随着施氮量的增加呈二次函数模型的递增趋势，但 $MLAI$ 与 LAI_{max} 的比率随施氮量的增加而减小，说明玉米施氮量的不同对其整个生育期 LAI 具有调控作用，这为进一步深入研究玉米增产提供了理论依据。

11 基于机器视觉的农作物数字图像采集与生长监测装备

11.1 技术领域

本实用新型发明涉及小型便携式农作物生长监测技术领域,具体地说涉及一种基于机器视觉的农作物数字图像采集与生长监测装备。

11.2 背景技术

在信息技术飞跃发展的今天,无线传感器技术、机器视觉技术等先进技术飞速发展,数字监测技术在作物生长监测中已得到广泛应用。应用机器视觉技术进行作物生长监测的方法潜力巨大且行之有效,其具有获取信息速度快、数据存储量大、监测精度高等显著优势,并解决了一些传统方法中难以解决的技术问题,避免人工目测中监测人员认识差异和视觉疲劳带来的影响,不但节约劳动力,而且降低人的主观臆断性。

然而,如何采用机器视觉系统对农作物生长发育动态进行监测,如何利用数字化模型对农作物营养进行分析,其关键技术即农作物优质清晰的数字图像获取、图像特征的处理和作物生长模型、形态模型、营养诊断模型、产量预测模型的建立,以及作物远程决策诊断体系的构建等。

11.3 发明内容

针对上述现有技术,本实用新型发明要解决的技术问题在于提供一种携带方便、使用便捷的农作物数字图像采集与生长监测装备,将机器视觉技术、数字图像处理技术和无线传输技术进行无缝链接,找出实现作物生长监测和远程诊断的新思路、新方法。

为解决上述技术问题，本实用新型发明提供了一种基于机器视觉的农作物数字图像采集与生长监测装备，包括箱体、箱盖和安装于箱体内的可折叠支架、设于可折叠支架上的集成主机箱及安装于集成主机箱上的液晶显示屏，箱体内设有可伸缩手臂，可伸缩手臂另一端可拆卸连接电控云台，电控云台上安装有相机，由遥控器操作；液晶显示屏可在垂直于液晶显示屏的竖直面内旋转，使液晶显示屏折叠紧贴于集成主机箱上表面；集成主机箱内包括电源箱、充电器、主机适配器。

本实用新型发明基于机器视觉的农作物数字图像采集与生长监测装备，应用机器视觉技术能够监测作物的个体特征参数（株高、茎秆直径、叶片数等）、群体特征参数（叶面积、生物量、植株营养含量等）。可小面积、小范围监测作物生长，也可以大面积、大范围反映作物势态。因此，加快作物长势长相信息的采集，通过自动、实时、快速、准确、量化、无损的方式获取作物群体表象颜色表征，掌握作物各生育期内长势情况，实时地获取作物长势信息。

可折叠支架包括 4 个首尾顺次铰接的折叠杆。

可折叠支架的第一折叠杆与第四折叠杆水平设置，第一折叠杆与集成主机箱连接，第四折叠杆固定连接于箱体内底部。

可折叠支架为 1 组或多组。

电控云台上安装佳能 6D 型数码相机，设置图像采集标准包括高度、时间、范围、精度、图像存储格式，获取各试验区作物不同生育时期生长发育动态高清图像。

箱体上设有拉杆。

拉杆为可伸缩拉杆。

箱体底部设有脚轮。

脚轮为 4 个。

本发明创造针对干旱、半干旱地区独特的灌溉优势和水肥一体化管理的实际情况，运用作物冠层图像采集装备获取农作物群体数字高清图像，采用图像处理工具提取相关特征参数，建立农作物冠层形态特征、纹理特征、颜色特征等参数间的时空动态模型，提出可行的灌区农作物数字图像监测技术与科学的视觉诊断方法，实现对农作物进行实时、快速、自动、非破坏性的生长监测与诊断，帮助农民或农业种植大户适时采取施肥、灌水、耕作、收割和病虫害防治等农艺措施，有效提高作物肥水利用效率，从而提高作物产量与品质，为农业生产自动化监控和智能化管理平台建设提供科学依据和技术支持。

11.4 附图说明

图 11-1 为本实用新型发明基于机器视觉的农作物数字图像采集与生长监测装备的使用状态示意。

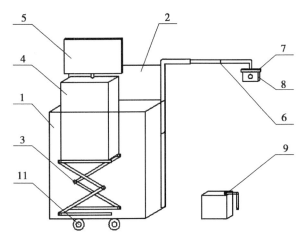

图 11-1　基于机器视觉的农作物数字图像采集与生长监测装备使用状态示意

图 11-2 为本实用新型发明基于机器视觉的农作物数字图像采集与生长监测装备的折叠状态示意。

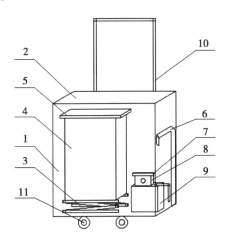

图 11-2　基于机器视觉的农作物数字图像采集与生长监测装备折叠状态示意

以上两图中：1—箱体，2—箱盖，3—可折叠支架，4—集成主机箱，5—液晶显示屏，6—可伸缩手臂，7—电控云台，8—相机，9—遥控器，10—拉杆，11—脚轮。

11.5 具体实施方式

下面结合示意图对本实用新型发明的具体实施方式进行详细的说明。

如图 11-1 和图 11-2 所示，本实用新型发明基于机器视觉的农作物数字图像采集与生长监测装备，包括箱体 1、箱盖 2 和安装于箱体 1 内的可折叠支架 3、设于可折叠支架 3 上的集成主机箱 4 及安装于集成主机箱 4 上的液晶显示屏 5，箱体 1 内设有可伸缩手臂 6，可伸缩手臂 6 另一端可拆卸连接电控云台 7，电控云台 7 上安装有相机 8，电控云台 7 由遥控器 9 操作。

液晶显示屏 5 可在垂直于液晶显示屏 5 的竖直面内旋转使液晶显示屏 5 折叠紧贴于集成主机箱 4 上表面。

集成主机箱 4 内包括电源箱、充电器、主机适配器。

可折叠支架 3 包括 4 个首尾顺次铰接的折叠杆。

可折叠支架 3 的第一折叠杆与第四折叠杆水平设置，第一折叠杆与集成主机箱 4 连接，第四折叠杆固定连接于箱体 1 内底部。

可折叠支架 3 为 1 组或多组。

电控云台 7 上安装佳能 6D 型数码相机，设置图像采集标准包括高度、时间、范围、精度、图像存储格式，获取各试验区作物不同生育时期生长发育动态高清图像。

箱体 1 上设有拉杆 10。

拉杆 10 为可伸缩拉杆。

箱体 1 底部设有脚轮 11。

脚轮 11 为 4 个。

使用 1 220 万 dpi 的佳能数码照相机（Canon EOS-450D 型）获得棉花冠层垂直投影图像，利用 VC++语言和 MATLAB7.1 数字图像处理软件对获取的棉花冠层图像进行处理，计算出棉花群体冠层投影面积在整个照片中所占面积的比重。采用图片中棉花绿色叶片部分所占的 RGB 值像素数除以整幅图片 RGB 值的总像素数，即可得出棉花群体冠层图像的 CC。

上述结合附图对本实用新型发明的实施方式进行了详细说明，但是本发明并不限于上述实施方式，在本领域的普通技术人员所具备的知识范围内，还可以对其做出种种变化。

12　基于数字图像的发霉玉米识别与分拣装置

12.1　技术领域

本实用新型发明涉及种子净度检测技术领域，具体地说涉及一种基于数字图像的发霉玉米识别与分拣装置。

12.2　背景技术

玉米是畜禽饲料中的主要原料之一，在收获与晾晒期间的玉米，如果储存保管不当或遭受连续阴雨天气，当湿度大于85%、温度高于25℃时，就很容易产生霉变，玉米会被霉菌代谢产物霉菌毒素所污染，在食用后就可能出现不同程度的中毒反应。因此，为了避免发霉玉米对消费者的危害，对发霉玉米的检测就显得至关重要起来。

现阶段传统模式还主要依赖于常规的化学分析、人工或是机器挑拣，常规的化学分析可以达到良好的准确性，但常规的化学分析不仅耗时耗力、实验过程复杂、价格昂贵，而且对物料具有极强的破坏性，不能达到无损检测。人工挑拣的霉变玉米籽粒虽然可以达到无损检测，但工作效率十分低，而且会出现挑拣遗漏的部分。机器对发霉玉米籽粒的识别主要依靠于光电分选机，这类分选机普遍结构复杂、价格昂贵而难以普及，仅有合格及不合格两个分级级别，且在使用时操作十分烦琐。因此，迫切需要新设备、新技术针对玉米籽粒进行机器视觉分离工作。

随着计算机图像处理技术的迅猛发展，用图像处理技术进行玉米霉变检测的技术验证是具有可行性的。近几年，基于机器视觉的数字图像处理的检测方法，被证明是一种检测速度快、鉴别能力强、重复性高、可大批量检测、无疲劳的新方法。为防止玉米在霉变后会出现交叉互相传染，不光要检测识别出霉变的玉米籽粒，还要从中提取出来。因此，对霉变玉米种子进行计算机识别和分拣是现阶段需要解决的问题。

12.3 发明内容

针对上述现有技术，本实用新型发明要解决的技术问题在于提供一种基于数字图像的发霉玉米识别与分拣装置，利用图像处理技术实现霉变玉米籽粒的快速准确检测，有效地识别霉变种子并将其分拣出来。

为解决上述技术问题，本实用新型提供了一种基于数字图像的发霉玉米识别与分拣装置，包括脱粒装置、机械传送装置及图像采集系统。

脱粒装置包括脱粒机，脱粒机上设有穗轴废料出口及玉米出料口，穗轴废料出口与废料箱连接，玉米出料口与玉米分拣箱连接，玉米分拣箱底部设有分离托板。

机械传送装置包括一级传送带及二级传送带，一级传送带的始端与分离托板连接，末端位于二级传送带始端的上部，二级传送带的末端设有优质玉米滑道及霉变玉米分拣拨片，优质玉米滑道的出料口与优质玉米收集箱的入料口对接，霉变玉米分拣拨片对应于霉变玉米收集箱的入料口，可将霉变玉米分拨至霉变玉米收集箱。

图像采集系统包括设于二级传送带上部的暗箱，暗箱内设有光源，暗箱内顶部设有 CMOS 传感器相机，相机通过 HDMI 转 USB 接口与计算机相连接。

相机摄像头安装距离为 40cm。

暗箱内光度值为 950lx，色温值为 6 350k。

光源与亮度调节器连接，亮度调节器用于调节光源发出的光的亮度。

二级传送带为白色不反光传送带。

优质玉米滑道的倾斜角度为 30°~60°。

综上所述，本实用新型发明基于数字图像的发霉玉米识别与分拣装置，包括脱粒装置、机械传送装置及图像采集系统，经脱粒装置脱粒除杂的玉米掉落在分离托板上，经机械传送装置进行分离排序，随后由白色背景不反光传送带带动籽粒从出口 B 离开图像采集区，完成机器视觉图像采集，然后将图像通过 HDMI 转 USB 接口传输给计算机，利用 MATLAB 获取、处理图像并分析霉变种子的位置，通过霉变玉米分拣拨片将霉变种子分离。

12.4 附图说明

图 12-1 为本实用新型发明基于数字图像的发霉玉米识别与分拣装置的立体图。

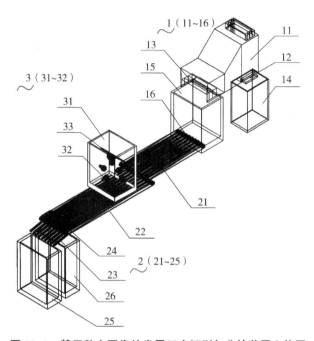

图 12-1 基于数字图像的发霉玉米识别与分拣装置立体图

1. 脱粒装置 11. 脱粒机 12. 穗轴废料出口 13. 玉米出料口 14. 废料箱 15. 玉米分拣箱 16. 分离托板 2. 机械传送装置 21. 一级传送带 22. 二级传送带 23. 优质玉米滑道 24. 霉变玉米分拣拨片 25. 优质玉米收集箱 26. 霉变玉米收集箱 3. 图像采集系统 31. 暗箱 32. 光源 33. 相机

图 12-2 为本实用新型发明基于数字图像的发霉玉米识别与分拣装置的侧视图。

图 12-3 为采集的有效原始图像。

图 12-4 为布尔运算预处理图像。

图 12-5 为增加预设后的图。

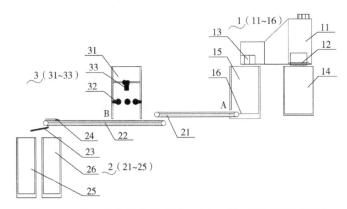

图 12-2　基于数字图像的发霉玉米识别与分拣装置侧视图

1. 脱粒装置　11. 脱粒机　12. 穗轴废料出口　13. 玉米出料口　14. 废料箱　15. 玉米分拣箱　16. 分离托板　2. 机械传送装置　21. 一级传送带　22. 二级传送带　23. 优质玉米滑道　24. 霉变玉米分拣拨片　25. 优质玉米收集箱　26. 霉变玉米收集箱　3. 图像采集系统　31. 暗箱　32. 光源　33. 相机

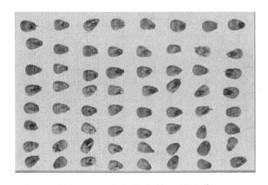

图 12-3　采集的有效原始图像

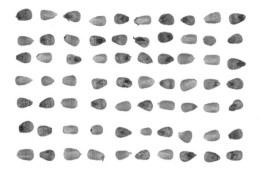

图 12-4　布尔运算预处理图像

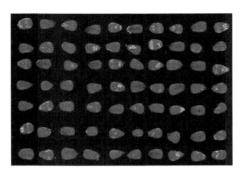

图 12-5　增加预设后图像

12.5　具体实施方式

下面结合附图对本实用新型的具体实施方式进行详细的说明。

如图 12-1 和图 12-2 所示，本实用新型发明基于数字图像的发霉玉米识别与分拣装置，包括脱粒装置 1、机械传送装置 2 及图像采集系统 3。

脱粒装置 1 包括脱粒机 11，脱粒机 11 上设有穗轴废料出口 12 及玉米出料口 13，穗轴废料出口 12 与废料箱 14 连接，玉米出料口 13 与玉米分拣箱 12 连接，玉米分拣箱 15 底部设有分离托板 16。

相机 33 摄像头安装距离为 40cm。图像采集摄像头选取为日本佳能影像与信息产品的综合集团自主研发的 6D 系列 2 020 万 dpi 的 CMOS 感光组件（Complementary Metal Oxide Semiconductor camera），感光芯片为 35.8mm×23.9mm 的全画幅相机，搭乘 DIGIC 5+图像处理器核心，其相机画面比例 3∶2，镜头搭配选取日本佳能公司生产的 EF24-70mm f/4L IS USM 焦距镜头配合进行图像采集。摄像头安装距离为 40cm，此刻的成像范围为 21cm×13cm，可以完全地覆盖预检测玉米籽粒区域范围。

所述暗箱 31 内光度值为 950lx，色温值为 6 350k。1 条 12V 的 4m LED 白色贴片防水裸板高亮软灯灯带，配合 LED 灯带适配器，电源变压器 220V 转 12V 开关电源，把光源分布在图像采集区的四周，此时的光度值为 950lx，色温值为 6 350k，为采集过程在一定量的光源的条件下获取清晰的照片。

光源 32 与亮度调节器连接，亮度调节器用于调节所述光源 32 发出的光的亮度。

二级传送带 22 为白色不反光传送带。为降低背景的干扰因素，提高需要获得图像的质量，对背景传送带采取白色不反光处理。

优质玉米滑道 23 的倾斜角度为 30°～60°。

本实用新型发明的工作步骤如下：首先进行排序取样，进行有序列的坐标编号拍照。底部拍摄区域源于白色背景不反光传送带构成，传送拍照时，经脱粒机 11 脱粒去除杂质之后的玉米籽粒，落在分离托板 16 上然后经一级传送带 21 进行第一次分离排序，然后从入口 A 自由掉落在二级传送带 22 上，进行再次分离排列次序，编写每个籽粒独立坐标，消除籽粒的堆积是为之后更好地进行机器视觉图像采集。随后白色背景不反光传送带带动籽粒从出口 B 离开图像采集区，完成机器视觉识别部分，如图 12-3 所示。

进行低通滤波处理，采用自动全局阈值法二值化排除杂质，与之前的图像进行布尔运算与运行，去除背景里被摄主体以外的物体，如图 12-4 所示。

导入 MATLABR2014a 里进行图像提取，如图 12-5 所示，在制作的照片中，增加预设，为以后可以方便处理使用，其预设制作顺序是利用 rgb2hsv 函数增加饱和度 100，利用 MATLAB 自带函数 imadjust 增加对比度 300，增加一个 MATLAB 中二值图反向，排除发霉以外的其他颜色，得到初步的预设分离结果，如图 12-5 所示。

根据 RGB 数值进行红色提取数值，进行对比，完成分析。在进行分析分离机器视觉识别的时候 R 值在发霉玉米籽粒上的颜色和其他的好玉米籽粒上的颜色以及背景有着明显的差异，背景和良好的玉米籽粒的颜色 R 值均为 0～55。

得出 R 值在 91～255 的数值为发霉部分，由于背景的数值是为 RGB 的值都为 0，可以明确分割出，籽粒的平均长、大小、宽度等参数。在利用分水岭分割法分离出每个籽粒的边缘，再把其中包含 R 值为 91～255 数值的发霉部分籽粒与其对应，用计算机读取数据和根据坐标找出发霉玉米的具体位置，以及寻找玉米边缘，进一步按编号进行分离提取发霉玉米籽粒。

本实用新型利用图像处理技术，运用 MATLAB 进行图像处理和分析，对霉变玉米籽粒在特定光源照射下进行分析，实现了霉变玉米籽粒的快速准确检测，具有高效、鉴别能力强、重复性高、可大批量检测等优点，可有效地检测玉米霉变状况并且进行分离。利用了图像识别分析的技术，通过机器视觉来进行对发霉玉米的精准识别与提取。基于感染霉菌的玉米籽粒表层会发生颜色发绿、发黑或呈褐色等特点，选取良好的玉米籽粒和带有霉菌的发霉玉米籽粒为实验对象，通过 MATLAB 进行图像处理和分析，完成计算机进一步快速精准识别在良好玉米籽粒中的几个发霉的玉米籽粒。首先，将玉米籽粒按顺序无规律地平铺，进行坐标编号，用 CMOS 传感器相机对其玉米籽粒在光源可控的条件下进行图像采集，获取整体的玉米籽粒图像，然后利用计算机调整色彩饱和度、对比度、反向等相应的 RGB 数值，用其中的 R 值参数来计算出霉变玉米籽粒，并与之前的坐标位置号码进行拟合，获取对应坐标，得出发霉玉米籽粒的准确位置，进行机器合理分离。本实用新型发明提出的 CMOS 传感器相机进行图像处理和分析较为准确，可以为进行霉变玉米籽粒的分离提供参考。

上述文字结合附图对本实用新型发明的实施方式做了详细说明，但是本发明并不限于上述实施方式，在本领域的普通技术人员所具备的知识范围内，还可以对其做出种种变化。

缩略词与符号说明

英文缩写	英文表述	中文定义
α	The characteristic parameters of light response indicate the quantum efficiency	光响应特征参数表观量子效率
Pn	Net photosynthetic rate	净光合速率
Pn_{max}	Maximum net photosynthetic rate	最大净光合速率
PAR	Photosynthetically active radiation	光合有效辐射
LCP	Optical compensation point	光补偿点
Rd	Dark respiration rate	暗呼吸速率
Tr	Transpiration rate	蒸腾速率
Gs	Stomatal conductance	气孔导度
Ci	Intercellular carbon dioxide concentration	胞间二氧化碳浓度
LSP	The light saturation point	光饱和点
AQE	Apparent quantum efficiency	表观量子效率
WUE	Water use efficiency	水分利用效率
RE	Respiratory efficiency	呼吸效率
NAR	Net assimilation rate	净同化率
V_{cmax}	Maximum carboxylation rate of photosynthetic physiological parameters	光合生理参数最大羧化速率
RGB	The model of Red/Green/Blue	三基色色彩模型
CC	Normalized canopy coverage coefficient	归一化冠层覆盖系数
R	Red value	红光通道归一化标准值
G	Green value	绿光通道归一化标准值
B	Blue value	蓝光通道归一化标准值
$R/(R+G+B)$	Red standardization value	红光标准化值
$G/(R+G+B)$	Green standardization value	绿光标准化值
$B/(R+G+B)$	Blue standardization value	蓝光标准化值
$G-R$	Green mine red value	阈值化绿色与红色差值
G/R	Green ratio red value	阈值化绿色与红色比值
HIS	The model of Hue/Intensity/Saturation	饱和度色度亮度色彩模型

（续表）

英文缩写	英文表述	中文定义
H	Hue value	色调色度分量值
I	Intensity value	亮度分量值
S	Saturation value	饱和度分量值
ExG	Super green value	超绿值
$SAVI_{green}$	Soil adjusted vegetation index	土壤调整植被指数
θ_{max}	The convexity of a nonrectangular hyperbola	非直角双曲线的凸度
GDD	Effective accumulated temperature	有效积温
T_{max}	Maximum critical temperature	最高临界温度
T_{min}	Minimum critical temperature	最低临界温度
JPG	Joint Picture Group	图像压缩格式
ORB	Oriented FAST and Rotated BRIEF	快速特征点提取和描述算法
FAST	Features from Accelerated Segment Test	机器学习的角点检测方法
BRIEF	Binary Robust Independent Elementary Features	特征描述子
LAI	Leaf area index	叶面积指数
LAI_{max}	The Maximum of LAI	最大叶面积指数
$MLAI$	Average leaf area index	平均叶面积指数
$MRLAI$	Mean relative LAI	平均相对叶面积指数
R^2	The R-Squared	决定系数
$RMSE$	Root mean squared error	根均方差
MAE	Mean absolute error	平均绝对误差
RE	Relative error	相对误差
$nRMSE$	Standard rootmean square error	标准均方根误差
ORB	Oriented fast and rotatedbrift	快速特征点提取和描述的算法
HSV	Hue，Saturation，Value	颜色色域六角锥体模型
H	Hue	六角锥体模型色调参数
S	Saturation	六角锥体模型饱和度参数
V	Value	六角锥体模型明度参数
$RGDD$	Normalized value of accumulated temperature	积温归一化值

参考文献

阿里穆斯，于贵瑞，2013. 植物光合作用模型参数的温度依存性研究进展
　　［J］. 应用生态学报，24（12）：3 588-3 594.

白景峰，赵学增，强锡富，等，2000. 针叶苗木计算机视觉特征提取方法
　　［J］. 东北林业大学学报，28（5）：94-96.

蔡建国，韦孟琪，章毅，等，2017. 遮阴对绣球光合特性和叶绿素荧光参数
　　的影响［J］. 植物生态学报，41（5）：570-576.

陈传永，侯海鹏，李强，等，2010. 种植密度对不同玉米品种叶片光合特性
　　与碳、氮变化的影响［J］. 作物学报，36（5）：871-878.

陈俊英，陈硕博，张智韬，等，2018. 无人机多光谱遥感反演花蕾期棉花光
　　合参数研究［J］. 农业机械学报（10）：1-13.

陈硕博，2019. 无人机多光谱遥感反演棉花光合参数与水分的模型研究
　　［D］. 杨凌：西北农林科技大学.

陈涛，宋振伟，张明，等，2016. 遮阴和种植密度对东北春玉米穗部发育和
　　植株生产力的影响［J］. 应用生态学报，27（10）：3 237-3 246.

陈晓光，于海业，周云山，等，1995. 应用图像处理技术进行蔬菜苗特征量
　　识别［J］. 农业工程学报，11（4）：23-26.

程麒，黄春燕，王登伟，等，2012. 基于红外热图像的棉花冠层水分胁迫指
　　数与光合特性的关系［J］. 棉花学报，24（4）：341-347.

楚光红，章建新，2016. 施氮量对滴灌超高产春玉米光合特性、产量及氮肥
　　利用效率的影响［J］. 玉米科学（1）：130-136.

董树亭，高荣岐，胡昌浩，等，1997. 玉米花粒期群体光合性能与高产潜力
　　研究［J］. 作物学报（3）：318-325.

杜建军，郭新宇，王传宇，等，2018. 基于全景图像的玉米果穗流水线考种
　　方法及系统［J］. 农业工程学报，34（13）：195-202.

杜建军，郭新宇，王传宇，等，2016. 基于穗粒分布图的玉米果穗表型性状
　　参数计算方法［J］. 农业工程学报，32（13）：168-176.

杜琪，王宁，赵新华，等，2019. 低钾胁迫对玉米苗期光合特性和光系统Ⅱ

性能的影响 [J]. 核农学报，33（3）：592-599.

封焕英，范少辉，苏文会，等，2017. 不同经营方式下毛竹光合特性分异研究 [J]. 生态学报，37（7）：2 307-2 314.

冯佳睿，马晓丹，关海鸥，等，2019. 基于深度信息的大豆株高计算方法 [J]. 光学学报，39（5）：258-268.

高林，杨贵军，李红军，等，2018. 基于无人机数码影像的冬小麦叶面积指数探测研究 [J]. 中国生态农业学报，24（9）：1 254-1 264.

郭建华，赵春江，王秀，等，2008. 作物氮素营养诊断方法的研究现状及进展 [J]. 中国土壤与肥料（4）：10-14.

韩刚，赵忠，2010. 不同土壤水分下 4 种沙生灌木的光合光响应特性 [J]. 生态学报，30（15）：4 019-4 026.

贺英，邓磊，毛智慧，等，2018. 基于数码相机的玉米冠层 SPAD 遥感估算 [J]. 中国农业科学（15）：66-77.

贺佳，刘冰锋，李军，2014. 不同生育时期冬小麦叶面积指数高光谱遥感监测模型 [J]. 农业工程学报，30（24）：141-150.

侯贤清，吴鹏年，王艳丽，等，2018. 秸秆还田配施氮肥对土壤水肥状况和玉米产量的影响 [J]. 应用生态学报，29（6）：1 928-1 934.

胡瑾，田紫薇，汪健康，等，2019. 基于离散曲率的温室 CO_2 优化调控模型研究 [J]. 农业机械学报，50（9）：337-346.

胡炼，罗锡文，曾山，等，2013. 基于机器视觉的株间机械除草装置的作物识别与定位方法 [J]. 农业工程学报，29（10）：12-18.

黄健熙，黄海，马鸿元，等，2018. 遥感与作物生长模型数据同化应用综述 [J]. 农业工程学报，34（21）：144-156.

贾彪，马富裕，2016. 基于机器视觉的棉花氮素营养诊断系统设计与试验 [J]. 农业机械学报（3）：305-310.

贾彪，钱瑾，苗芳芳，等，2017-12-19. 基于机器视觉的农作物数字图像采集与生长监测装备：中国，CN206772841U [P].

贾洪雷，王刚，郭明卓，等，2015. 基于机器视觉的玉米植株数量获取方法与试验 [J]. 农业工程学报，31（3）：215-220.

姜涛，2013. 氮肥运筹对夏玉米产量、品质及植株养分含量的影响 [J]. 植物营养与肥料学报，19（3）：559-565.

解毅，王鹏新，王蕾，等，2016. 基于作物及遥感同化模型的小麦产量估测 [J]. 农业工程学报，32（20）：179-186.

雷亚平，韩迎春，王国平，等，2017. 无人机低空数字图像诊断棉花苗情技术［J］. 中国棉花，44（5）：23-25.

李长缨，滕光辉，赵春江，等，2003. 利用计算机视觉技术实现对温室植物生长的无损监测［J］. 农业工程学报，19（3）：140-143.

李二珍，靳存旺，闫洪，等，2017. 氮肥分次施用比例对春玉米光合速率及产量的影响［J］. 中国土壤与肥料（5）：12-16.

李耕，高辉远，刘鹏，等，2010. 氮素对玉米灌浆期叶片光合性能的影响［J］. 植物营养与肥料学报，16（3）：536-542.

李红军，李佳珍，雷玉平，等，2017. 无人机搭载数码相机航拍进行小麦、玉米氮素营养诊断研究［J］. 中国生态农业学报，25（12）：1 832-1 841.

李佳，刘济明，文爱华，等，2019. 米槁幼苗光合作用及光响应曲线模拟对干旱胁迫的响应［J］. 生态学报，39（3）：1-9.

李建查，孙毅，赵广，等，2018. 干热河谷不同土壤水分下甜玉米灌浆期光合作用光响应特征［J］. 热带作物学报，39（11）：2 169-2 175.

李理渊，李俊，同小娟，等，2018. 不同光环境下栓皮栎和刺槐叶片光合光响应模拟［J］. 应用生态学报（7）：2 295-2 306.

李力，张祥星，郑睿，等，2016. 夏玉米光合特性及光响应曲线拟合［J］. 植物生态学报，40（12）：1 310-1 318.

李娜娜，郝科星，池宝亮，等，2014. 玉米吐丝后的果穗生长动态研究［J］. 中国农学通报，30（27）：234-240.

李少昆，赵久然，董树亭，等，2017. 中国玉米栽培研究进展与展望［J］. 中国农业科学，50（11）：1 941-1 959.

李书钦，诸叶平，刘海龙，等，2017. 基于有效积温的冬小麦返青后植株三维形态模拟［J］. 中国农业科学，50（9）：1 594-1 605.

李文勇，李明，陈梅香，等，2014. 基于机器视觉的作物多姿态害虫特征提取与分类方法［J］. 农业工程学报，30（14）：154-162.

李向岭，李从锋，侯玉虹，等，2012. 不同播期夏玉米产量性能动态指标及其生态效应［J］. 中国农业科学，45（6）：1 074-1 083.

李晓鹏，胡鹏程，徐照丽，等，2017. 基于四旋翼无人机快速获取大田植株图像的方法及其应用［J］. 中国农业大学学报，22（12）：131-137.

李亚兵，毛树春，韩迎春，等，2012. 不同棉花群体冠层数字图像颜色变化特征研究［J］. 棉花学报，24（6）：541-547.

李义博，宋贺，周莉，等，2017. C4植物玉米的光合-光响应曲线模拟研究［J］. 植物生态学报，41（12）：1 289-1 300.

李轶冰，逢焕成，李华，等，2013. 粉垄耕作对黄淮海北部春玉米籽粒灌浆及产量的影响［J］. 中国农业科学，46（14）：3 055-3 064.

李永秀，罗卫红，倪纪恒，等，2006. 基于辐射和温度热效应的温室水果黄瓜叶面积模型［J］. 植物生态学报（5）：861-867.

李哲，屈忠义，任中生，等，2018. 河套灌区膜下滴灌高频施肥促进玉米生长及产量研究［J］. 节水灌溉，278（10）：1-4.

刘长青，陈兵旗，2014. 基于机器视觉的玉米果穗参数的图像测量方法［J］. 农业工程学报（6）：131-138.

刘萍，尚林海，张军福，等，2004. 玉米种子室内发芽率与田间出苗率的相关性研究［J］. 玉米科学（S1）：129-131.

刘镕源，王纪华，杨贵军，等，2011. 冬小麦叶面积指数地面测量方法的比较［J］. 农业工程学报，27（3）：220-224.

刘婷婷，张惊雷，2018. 基于ORB特征的无人机遥感图像拼接改进算法［J］. 计算机工程与应用，54（2）：193-197.

刘学军，翟汝伟，李真朴，等，2018. 宁夏扬黄灌区玉米滴灌水肥一体化灌溉施肥制度试验研究［J］. 中国农村水利水电，431（9）：74-78.

刘玉涛，2000. 多功能种衣剂对旱地玉米萌发生长及产量的影响［J］. 玉米科学，8（4）：85-86.

刘子凡，魏云霞，黄洁，2018. 木薯光合-光响应曲线的模型拟合比较［J］. 云南农业大学学报（自然科学），33（4）：611-616.

吕新，2002. 生态因素对玉米生长发育影响及气候生态模型与评价系统建立的研究［D］. 泰安：山东农业大学.

麻雪艳，周广胜，2013. 春玉米最大叶面积指数的确定方法及其应用［J］. 生态学报，33（8）：2 596-2 603.

马莉，王全九，2018. 不同灌溉定额下春小麦光合光响应特征研究［J］. 农业机械学报，49（6）：271-277.

马树庆，王琪，吕厚荃，等，2012. 水分和温度对春玉米出苗速度和出苗率的影响［J］. 生态学报，32（11）：3 378-3 385.

毛智慧，邓磊，孙杰，等，2018. 无人机多光谱遥感在玉米冠层叶绿素预测中的应用研究［J］. 光谱学与光谱分析，38（9）：2 923-2 931.

牛庆林，冯海宽，杨贵军，等，2018. 基于无人机数码影像的玉米育种材料株高和LAI监测［J］. 农业工程学报，34（5）：73-82.

任佰朝，高飞，魏玉君，等，2018. 冬小麦-夏玉米周年生产条件下夏玉米的适宜熟期与积温需求特性［J］. 作物学报，44（1）：137-143.

宋桂云，侯迷红，孙德智，等，2017. 氮肥施用对科尔沁地区粮饲兼用玉米氮素积累及氮效率的影响 ［J］. 中国土壤与肥料（6）：93-98.

孙宁，边少锋，孟祥盟，等，2011. 氮肥施用量对超高产玉米光合性能及产量的影响 ［J］. 玉米科学，19（2）：67-69.

田振坤，傅莺莺，刘素红，等，2013. 基于无人机低空遥感的农作物快速分类方法 ［J］. 农业工程学报，29（7）：109-116.

汪沛，罗锡文，周志艳，等，2014. 基于微小型无人机的遥感信息获取关键技术综述 ［J］. 农业工程学报，30（18）：1-12.

汪顺生，刘慧，孟鹏涛，等，2015. 不同沟灌方式下夏玉米穗部性状与产量相互关系的试验研究 ［J］. 节水灌溉（12）：31-34.

王传宇，郭新宇，杜建军，2018. 基于时间序列红外图像的玉米叶面积指数连续监测 ［J］. 农业工程学报，34（6）：175-181.

王贺垒，韩宪忠，范凤翠，等，2019. 基于有效积温的设施茄子营养生长期蒸散量模拟系统 ［J］. 节水灌溉（2）：16-22.

王进斌，谢军红，李玲玲，等，2019. 氮肥运筹对陇中旱农区玉米光合特性及产量的影响 ［J］. 草业学报，28（1）：60-69.

王丽爱，马昌，周旭东，等，2015. 基于随机森林回归算法的小麦叶片 SPAD 值遥感估算 ［J］. 农业机械学报，46（1）：259-265.

王侨，陈兵旗，杨曦，等，2015. 用于定向播种的玉米种穗图像精选方法 ［J］. 农业工程学报，31（1）：170-177.

王帅，韩晓日，战秀梅，等，2014. 不同氮肥水平下玉米光响应曲线模型的比较 ［J］. 植物营养与肥料学报（6）：1 403-1 412.

王秀伟，毛子军，2009. 7 个光响应曲线模型对不同植物种的实用性 ［J］. 植物研究，29（1）：43-48.

王永宏，2014. 宁夏玉米栽培 ［M］. 北京：中国农业科学技术出版社.

王远，王德建，张刚，等，2012. 基于数码相机的水稻冠层图像分割及氮素营养诊断 ［J］. 农业工程学报，28（17）：131-136.

王振兴，朱锦懋，王健，等，2012. 闽楠幼树光合特性及生物量分配对光环境的响应 ［J］. 生态学报，32（12）：3 841-3 848.

卫亚星，王莉雯，乌梁素，2017. 海湿地芦苇最大羧化速率的高光谱遥感 ［J］. 生态学报，37（3）：841-850.

武海巍，于海业，田彦涛，等，2016. 基于核函数与可见光光谱的大豆植株群体净光合速率预测模型 ［J］. 光谱学与光谱分析，36（6）：1 831-1 836.

武文明，王世济，陈洪俭，等，2017．氮肥后移促进受渍夏玉米根系形态恢复和提高花后光合性能［J］．中国生态农业学报，25（7）：1 008-1 015.

夏乐，于海秋，郭焕茹，等，2008．低钾胁迫对玉米光合特性及叶绿素荧光特性的影响［J］．玉米科学，16（6）：71-74.

夏莎莎，张聪，李佳珍，等，2018a．基于手机相机获取玉米叶片数字图像的氮素营养诊断与推荐施肥研究［J］．中国生态农业学报，26（5）：703-709.

夏莎莎，张聪，李佳珍，等，2018b．基于手机相机获取冬小麦冠层数字图像的氮素诊断与推荐施肥研究［J］．中国生态农业学报，26（4）：538-546.

许大全，2002．光合作用效率［M］．上海：上海科学技术出版社.

杨华，祁生林，彭云峰，2016．玉米优化施氮高产高效生理机制［J］．农业工程，6（2）：109，127-129.

杨世杰，汪矛，2010．植物生物学［M］．第2版．北京：高等教育出版社.

叶子飘，2010．光合作用对光和CO_2响应模型的研究进展［J］．植物生态学报，34（6）：727-740.

叶子飘，2008．光合作用对光响应新模型及其应用［J］．生物数学学报，23（4）：710-716.

叶子飘，康华靖，2012．植物光响应修正模型中系数的生物学意义研究［J］．扬州大学学报（农业与生命科学版），33（2）：51-57.

叶子飘，于强，2007．一个光合作用光响应新模型与传统模型的比较［J］．沈阳农业大学学报，38（6）：771-775.

叶子飘，张海利，黄宗安，等，2017．叶片光能利用效率和水分利用效率对光响应的模型构建［J］．植物生理学报，53（6）：226-232.

依尔夏提·阿不来提，买买提·沙吾提，白灯莎·买买提艾力，等，2019．基于随机森林法的棉花叶片叶绿素含量估算［J］．作物学报，45（1）：81-90.

于强，叶子飘，2008．光合作用光响应模型的比较［J］．植物生态学报，32（6）：1 356-1 361.

于文颖，纪瑞鹏，冯锐，等，2016．干旱胁迫对玉米叶片光响应及叶绿素荧光特性的影响［J］．干旱区资源与环境，30（10）：82-87.

岳海旺，魏建伟，卜俊周，等，2018．河北省春播玉米品种产量和主要穗部性状GGE双标图分析［J］．玉米科学，26（4）：28-35.

曾继业，谭正洪，三枝信子，2017. 近似贝叶斯法在光合模型参数估计中的
　　应用 [J]. 植物生态学报，41（3）：378-385.

张宾，赵明，董志强，等，2007. 作物产量"三合结构"定量表达及高产
　　分析 [J]. 作物学报，33（10）：1 674-1 681.

张宾，赵明，董志强，等，2017. 作物高产群体 LAI 动态模拟模型的建立与
　　检验 [J]. 作物学报，33（4）：612-619.

张海辉，张盼，胡瑾，等，2019. 融合叶位光合差异的设施黄瓜立体光环境
　　优化调控模型 [J]. 农业机械学报，50（2）：266-314.

张怀志，曹卫星，周治国，等，2003. 棉花适宜叶面积指数的动态知识模型
　　[J]. 棉花学报，15（3）：151-154.

张珏，田海清，李哲，等，2018. 基于数码相机图像的甜菜冠层氮素营养监
　　测 [J]. 农业工程学报，34（1）：157-163.

张玲，陈新平，贾良良，2018. 基于无人机可见光遥感的夏玉米氮素营养动
　　态诊断参数研究 [J]. 植物营养与肥料学报（1）：261-269.

张曦文，刘铁东，程国侦，等，2018. 不同光处理对玉米叶片光响应曲线和
　　二氧化碳响应曲线的影响 [J]. 辽宁农业科学，10（1）：13-16.

张兴风，刘泽人，黄兴法，等，2016. 宁夏膜下滴灌玉米不同施肥模式的试
　　验研究 [J]. 节水灌溉（8）：57-60.

张雨晴，于海业，刘爽，等，2019. 玉米叶片净光合速率快速检测方法研究
　　[J]. 农机化研究（4）：182-185.

赵必权，丁幼春，蔡晓斌，等，2017. 基于低空无人机遥感技术的油菜机械
　　直播苗期株数识别 [J]. 农业工程学报，33（19）：115-123.

赵春江，2014. 农业遥感研究与应用进展 [J]. 农业机械学报，45（12）：
　　277-293.

赵丽，贺玉晓，魏雅丽，等，2018. 干热河谷紫色土区不同复合肥施肥量对
　　玉米苗期光响应特性的影响 [J]. 干旱地区农业研究，36（1）：10-18.

周金辉，马钦，朱德海，等，2015. 基于机器视觉的玉米果穗产量组分性状
　　测量方法 [J]. 农业工程学报，31（3）：221-227.

周琦，张富仓，李志军，等，2018. 施氮时期对夏玉米生长、干物质转运与
　　产量的影响 [J]. 干旱地区农业研究，36（1）：76-82.

周竹，黄懿，李小昱，等，2012. 基于机器视觉的马铃薯自动分级方法
　　[J]. 农业工程学报，28（7）：178-183.

朱启兵，冯朝丽，黄敏，等，2012. 基于图像熵信息的玉米种子纯度高光谱
　　图像识别 [J]. 农业工程学报，28（23）：271-276.

ADAMSEN F J, COFFELT T A, NELSON J M, et al., 2000. Method for using images from a color digital camera to estimate flower number [J]. Crop Science, 40 (3): 704-709.

ALI S, HAFEEZ A, MA X L, et al., 2018. Potassium relative ratio to nitrogen considerably favors carbon metabolism in late-planted cotton at high planting density [J]. Field Crops Research, 223: 48-56.

BARESEL J P, RISCHBECK P, HU Y, et al., 2017. Use of a digital camera as alternative method for non-destructive detection of the leaf chlorophyll content and the nitrogen nutrition status in wheat [J]. Computers and Electronics in Agriculture, 140: 25-33.

BRÉDA N J J, 2003. Ground-based measurements of leaf area index: A review of methods, instruments and current controversies [J]. Journal of Experimental Botany, 54: 2 403-2 417.

BRYE K R, NORMAN J M, GOWER S T, 2003. Methodological limitations and N-budget differences among a restored tallgrass prairie and maizeagroecosystems [J]. Agriculture Ecosystems & Environment, 97 (1-3): 181-198

CHENG Z Q, MA J H, WANG Y M, et al., 2016. Improving spring maize yield estimation at field scale by assimilating time-series HJ-1 CCD data into the WOFOST model using a new method with fast algorithms [J]. Remote Sensing, 8 (4): 303-325.

CHEN Y, MAREK G W, MAREK T H, et al., 2018. Improving SWAT auto-irrigation functions for simulating agricultural irrigation management using long-term lysimeter field data [J]. Environmental Modelling & Software, 99: 25-38.

CHEN Z Y, PENG Z S, YANG J, et al., 2011. A mathematical model for describing light-response curves in *Nicotiana tabacum* L. [J]. Photosynthetica, 49 (3): 467-471.

CHILUNDO M, JOEL A, WESSTRÖM I, et al., 2017. Response of maize root growth to irrigation and nitrogen management strategies in semi-arid loamy sandy soil [J]. Field Crops Research, 200: 143-162.

DING L, WANG K J, JIANG G M, et al., 2005. Effects of nitrogen deficiency on photosynthetic traits of maize hybrids released in different years [J]. Annals of Botany, 96 (5): 925-930.

DJAMAN K, 2013. Maize evapotranspiration, yield production functions, biomass, grain yield, harvest index, and yield response factors under full and limited irrigation [J]. Transactions of the ASABE, 56 (2): 373–393.

FANG L D, ZHANG S Y, ZHANG G C, et al., 2015. Application of five light-response models in the photosynthesis of populus × euramericana cv. 'zhonglin46' leaves [J]. Applied Biochemistry and Biotechnology, 176 (1): 86–100.

FANG X M, LI Y S, NIE J, et al., 2018. Effects of nitrogen fertilizer and planting density on the leaf photosynthetic characteristics, agronomic traits and grain yield in common buckwheat (*Fagopyrum esculentum* M.) [J]. Field Crops Research, 219: 160–168.

FAN J L, WU L F, ZHANG F, et al., 2017. Evaluation of drip fertigation uniformity affected by injector type, pressure difference and lateral layout [J]. Irrigation and Drainage, 66 (4): 520–529.

FAN Z L, QUAN Q, LI Y, et al., 2015. Exploring the best model for describing light–response curves in two epimedium species [J]. Technology and Health Care, 23 (S1): 9–13.

GAMON J A, BOND B, 2013. Effects of irradiance and photosynthetic downregulation on the photochemical reflectance index in Douglas–fir and ponderosa pine [J]. Remote Sensing of Environment, 135: 141–149.

GARDINER E S, KRAUSS K W, 2001. Photosynthetic light response of flooded cherry bark oak (*Quercus pagoda*) seedlings grown in two light regimes [J]. Tree Physiology, 21 (15): 1 103–1 111.

ÖGREN E, EVANS J R, 1993. Photosynthetic light–response curves: I. The influence of CO_2 partial pressure and leaf inversion [J]. Planta, 189 (2): 182–190.

GRIFT T E, ZHAO W, MOMIN M A, et al., 2017. Semi–automated, machine vision based maize kernel counting on the ear [J]. Biosystems Engineering, 164: 171–180.

GU X, DING M, LU W, et al., 2019. Nitrogen topdressing at the jointing stage affects the nutrient accumulation and translocation in rainfed waxy maize [J]. Journal of Plant Nutrition, 42 (6): 657–672.

HAEDER H E, MENGEL K, FORSTER H, 2010. The effect of potassium on translocation of photosynthates and yield pattern of potato plants [J]. Journal of the Science of Food & Agriculture, 24 (12): 1 479–1 487.

HARDWICK R C, 1977. Mathematical models in plant physiology [J]. Experimental Agriculture, 13 (1): 112-112.

HIROOKA Y, HOMMA K, MAKI M, et al., 2017. Evaluation of the dynamics of the leaf area index (LAI) of rice in farmer's fields in Vientiane Province, Lao PDR [J]. Journal of Agricultural Meteorology, 73 (1): 16-21.

HUNT E R, HIVELY W D, FUJIKAWA S J, et al., 2010. Acquisition of NIR-green-blue digital photographs from unmanned aircraft for crop monitoring [J]. Remote Sensing, 2 (1): 290-305.

JAN C, LAMMERT K, MARNIX V D B, et al., 2017. Using Sentinel-2 data for retrieving LAI and leaf and canopy chlorophyll content of a potato crop [J]. Remote Sensing, 9 (5): 405-419.

JIA B, HE H, MA F, et al. 2014. Use of a Digital Camera to Monitor the Growth and Nitrogen Status of Cotton [J]. The Scientific World Journal, 2014: 1-12.

JIANG G, KAI X, GUO X, et al., 2005. Review on maize canopy structure, light distributing and canopy photosynthesis [J]. Journal of Maize Sciences, 13 (2): 55-59.

JIN P B, WANG Q, IIO A, et al., 2012. Retrieval of seasonal variation in photosynthetic capacity from multi-source vegetation indices [J]. Ecological Informatics, 7 (1): 7-18.

JONCKHEERE I, FLECK S, NACKAERTS K, et al., 2004. Review of methods for *in situ* leaf area index determination: Part I. Theories, sensors and hemispherical photography [J]. Agricultural and Forest Meteorology, 121 (1): 37-53.

KANAI S, OHKURA K, ADU GYAMFI J J, et al., 2007. Depression of sink activity precedes the inhibition of biomass production in tomato plants subjected to potassium deficiency stress [J]. Journal of Experimental Botany, 58 (11): 2 917-2 928.

KAWASHIMA S, NAKATANI M, 1998. An algorithm for estimating chlorophyll content in leaves using a video camera [J]. Annals of Botany, 81 (1): 49-54.

KUMAR D P, MURTHY S D S, 2007. Photoinhibition induced alterations in energy transfer process in phycobilisomes of PS II in the cyanobacterium spirulina platensis [J]. Journal of Biochemistry and Molecular Biology, 40 (5):

644-648.

LAMPTEY S, LI L, XIE J, et al., 2017. Photosynthetic response of maize to nitrogen fertilization in the semiarid western loess plateau of China [J]. Crop Science, 57 (5): 2 739-2 752.

LAROCQUE G R, 2002. Coupling a detailed photosynthetic model with foliage distribution and light attenuation functions to compute daily gross photosynthesis in sugar maple (*Acer saccharum* Marsh.) stands [J]. Ecological Modelling, 148 (3): 213-232.

LATHROP R G, 2009. Comparison of the A-Cc curve fitting methods in determining maximum ribulose 1,5-bisphosphate carboxylase/oxygenase carboxylation rate, potential light saturated electron transport rate and leaf dark respiration [J]. Plant Cell & Environment, 32 (2): 109-122.

LEE K J, LEE B W, 2013. Estimation of rice growth and nitrogen nutrition status using color digital camera image analysis [J]. European Journal of Agronomy, 48: 57-65.

LEWIS J D, OLSZYK D, TINGEY D T, 1999. Seasonal patterns of photosynthetic light response in Douglas-fir seedlings subjected to elevated atmospheric CO_2 and temperature [J]. Tree Physiology, 19 (4-5): 243-252.

LI D F, ZHANG S Y, ZHANG G C, et al., 2015. Application of five light-response models in the photosynthesis of Populus × Puramericana cv. 'Zhonglin46' leaves [J]. Applied Biochemistry & Biotechnology, 176 (1): 86-100.

LI G, ZHANG Z S, GAO H Y, et al., 2017. Effects of nitrogen on photosynthetic characteristics of leaves from two different stay-green corn (*Zea mays* L.) varieties at the grain-filling stage [J]. Canadian Journal of Plant Science, 92 (4): 671-680.

LING P P, GIACOMELLI G A, RUSSELL T, 1996. Monitoring of plant development in controlled environmental with machinevision [J]. Advances in Space Research, 18 (4-5): 101-112.

LIU T D, ZHANG X W, XU Y, et al., 2016. Light quality modifies the expression of photosynthetic genes in maize seedlings [J]. Photosynthetica, 55 (2): 1-9.

LIU Y, WANG L W, SUN C L, et al., 2014. Genetic analysis and major QTL detection for maize kernel size and weight in multi-environments [J]. Theoretical and Applied Genetics, 127 (5): 1 019-1 037.

LI W G, LI H, ZHAO L H, et al., 2011. Estimating rice yield by HJ-1A satellite images [J]. Rice Science, 18 (2): 142-147.

LI Y, CHEN D, WALKER C N, et al., 2010. Estimating the nitrogen status of crops using a digital camera [J]. Field Crops Research, 118 (3): 221-227.

LIZASO J I, BATCHELOR W D, WESTGATE M E, 2003. A leaf area model to simulate cultivar-specific expansion and senescence of maize leaves [J]. Field Crops Research, 80 (1): 1-17.

MACIEL J, COSTEIRA J, 2002. Robust point correspondence by concave minimization [J]. Image and Vision Computing, 20 (9): 683-690.

MA G, HUANG J X, WU W B, et al., 2013. Assimilation of MODIS-LAI into the WOFOST model for forecasting regional winter wheat yield [J]. Mathematical and Computer Modelling, 58 (3-4): 634-643.

MAKANZA R, ZANAN B A M, CAIRNS J E, et al., 2018. High-throughput method for ear phenotyping and kernel weight estimation in maize using ear digital imaging [J]. Plant Methods, 14 (1): 1-13.

MARKELZ R J C, STRELLNER R S, LEAKEY A D B, 2011. Impairment of C4 photosynthesis by drought is exacerbated by limiting nitrogen and ameliorated by elevated CO_2 in maize [J]. Journal of Experimental Botany, 62 (9): 3 235.

MESSMER R, FRACHEBOUD Y, BÄNZIGER M, et al., 2009. Drought stress and tropical maize: QTL-by-environment interactions and stability of QTLs across environments for yield components and secondary traits [J]. Theoretical and Applied Genetics, 119 (5): 913-930.

MIAO Z, XU W M, LATHROP R G, et al., 2009. Comparison of the A-CC curve fitting methods in determining maximum ribulose 1,5-bisphosphate carboxylase/oxygenase carboxylation rate, potential light saturated electron transport rate, and leaf dark respiration [J]. Plant, Cell & Environment, 32 (2): 109-122.

MILLER N D, HASSE N J, LEE J Y, et al., 2017. A robust, high-throughput method for computing maize ear, cob, and kernel attributes automatically from images [J]. The Plant Journal, 89 (1): 169-178.

MONSI M, SAEKI T, 1953. Uber den lichtfaktor in den pflanzengesellschaften und seine bedeutung fur die stoffproduktion [J]. American Journal of Botany, 14: 22-52.

MOUALEU-NGANGUE D P, CHEN T W, STÜTZEL H, 2016. A new method to estimate photosynthetic parameters through net assimilation rate intercellular space CO_2 concentration curve and chlorophyll fluorescence measurements [J]. New Phytologist, 213 (3): 1 543.

QU C X, LIU C, ZE Y G, et al., 2011. Inhibition of nitrogen and photosynthetic carbon assimilation of maize seedlings by exposure to a combination of salt stress and potassium-deficient stress [J]. Biological Trace Element Research, 144 (13): 1 159-1 174.

SHANKAR A, SINGH A, KANWAR P, et al., 2013. Gene expression analysis of rice seedling under potassium deprivation reveals major changes in metabolism and signaling components [J]. The Public Library of Science, 8 (7): e70321.

SHARP R E, MATTHEWS M A, BOYER J S, 1984. Kok effect and the quantum yield of photosynthesis light partially inhibits dark respiration [J]. Plant Physiology, 75 (1): 95-101.

SHIMIZU H, HEINS R D, 1995. Computer – vision – based system for plant growth analysis [J]. Transactions of the ASAE, 38 (3): 959- 964.

SINGH S K, REDDY V R, 2018. Co-regulation of photosynthetic processes under potassium deficiency across CO_2 levels in soybean: mechanisms of limitations and adaptations [J]. Photosynthesis Research, 137 (2): 183-200.

SOCIETY T R, 1935. The kinetics of photosynthesis [J]. Proceedings of the Royal Society of London, 149: 596-596.

STEWART D W, COSTA C, DWYER L M, et al., 2003. Canopy structure, light interception, and photosynthesis in maize [J]. Agronomy Journal, 95 (6): 1 465-1 474.

SUGIURA R, NOGUCHI N, ISHII K, 2005. Remote – sensing technology for vegetation monitoring using an unmanned helicopter [J]. Biosystems Engineering, 90 (4): 369-379.

TAVAKOLI H, GEBBERS R, 2019. Assessing Nitrogen and water status of winter wheat using a digital camera [J]. Computers and Electronics in Agriculture, 157: 558-567.

TRANKNER M, TAVAKOL E, JAKLI B, 2018. Functioning of potassium and magnesium in photosynthesis, photosynthate translocation and photoprotection [J]. Physiologia Plantarum, 163 (3): 414-431.

TROOIEN T P, HEERMANN T F, 1992. Measurement and simulation of potato leaf area using image processing measurement [J]. Transactions of the ASAE, 35 (5): 1 719-1 721.

VAN HENTEN E J, BONTSEMA J, 1995. Non-destructive crop measurements by image processing for growth control [J]. Journal of Agricultural Engineering Researching, 61: 97-105.

VáZQUEZ-ARELLANO M, REISER D, PARAFOROS D, et al., 2018. Leaf area estimation of reconstructed maize plants using a time-of-flight camera based on different scan directions [J]. Robotics, 7 (4): 63.

WALTER A, FINGER R, HUBER R, et al., 2017. Opinion: Smart farming is key to developing sustainable agriculture [J]. Proceedings of the National Academy of Sciences, 114 (24): 6 148-6 150.

WANG X G, ZHAO X H, JIANG C J, et al., 2015. Effects of potassium deficiency on photosynthesis and photoprotection mechanisms in soybean (*Glycine max* L. Merr.) [J]. Journal of Integrative Agriculture, 14 (5): 856-863.

WANG Y, WANG D J, ZHANG G, et al., 2013. Estimating nitrogen status of rice using the image segmentation of G-R thresholding method [J]. Field Crops Research, 149: 33-39.

WANG Y, WANG D, SHI P, et al., 2014. Estimating rice chlorophyll content and leaf nitrogen concentration with a digital still color camera under natural light [J]. Plant Methods, 10 (1): 36.

WANG Y, WANG D, ZHANG G, et al., 2013. Estimating nitrogen status of rice using the image segmentation of G-R thresholding method [J]. Field Crops Research, 149: 33-39.

WASAYA A, TAHIR M, ALI H, et al., 2017. Influence of varying tillage systems and nitrogen application on crop allometry, chlorophyll contents, biomass production and net returns of maize (*Zea mays* L.) [J]. Soil and Tillage Research, 170: 18-26.

WOEBBECKE D M, MEYER G E, VON BARGEN K, et al., 1995. Color indices for weed identification under various soil, residue, and lighting conditions [J]. Transactions of the ASAE, 38 (1): 259-269.

XU W J, LIU C W, WANG K R, et al., 2017. Adjusting maize plant density to different climatic conditions across a large longitudinal distance in China [J]. Field Crops Research, 212: 126-134.

YANG P, JIA B, ZHENG Z, 2017. Modeling cotton growth and nitrogen status using image analysis [J]. Agronomy Journal, 109 (6): 2 630-2 638.

YE Z P, 2007. A new model for relationship between irradiance and the rate of photosynthesis in *Oryza sativa* [J]. Photosynthetica, 45 (4): 637-640.

YE Z P, 2012. Nonlinear optical absorption of photosynthetic pigment molecules in leaves [J]. Photosynthesis Research, 112 (1): 31-37.

YE Z P, ROBAKOWSKI P, Suggett D J, 2013. A mechanistic model for the light response of photosynthetic electron transport rate based on light harvesting properties of photosynthetic pigment molecules [J]. Planta, 237 (3): 837-847.

YE Z P, SUGGETT D J, ROBAKOWSKI P, et al., 2013. A mechanistic model for the photosynthesis-light response based on the photosynthetic electron transport of photosystem II in C3 and C4 species [J]. New Phytologist, 199 (1): 110-120.

ZHAI Y F, CUI L J, ZHOU X, et al., 2013. Estimation of nitrogen, phosphorus, and potassium contents in the leaves of different plants using laboratory-based visible and near-infrared reflectance spectroscopy: comparison of partial least-square regression and support vector machine regression methods [J]. International Journal of Remote Sensing, 34 (7): 2 502-2 518.

ZHANG Y, WANG J, GONG S, et al., 2016. Nitrogen fertigation effect on photosynthesis, grain yield and water use efficiency of winter wheat [J]. Agricultural Water Management, 179: 277-287.

ZHAO D L, OOSTERHUIS D M, BEDNARZ C W, 2001. Influence of potassium deficiency on photosynthesis, chlorophyll content, and chloroplast ultrastructure of cotton plants [J]. Photosynthetica, 39 (1): 103-109.

ZHAO X H, DU Q, ZHAO Y, et al., 2016. Effects of different potassium stress on leaf photosynthesis and chlorophyll fluorescence in maize at seedling stage [J]. Agricultural Sciences, 7 (1): 44-53.

ZHENG Y P, LI R Q, GUO L L, et al., 2018. Temperature responses of photosynthesis and respiration of maize (*Zea mays* L.) plants to experimental warming [J]. Russian Journal of Plant Physiology, 65 (4): 524-531.

ZHOU B Y, SUN X F, DING Z S, et al., 2017. Multi-split nitrogen application via drip irrigation improves maize grain yield and nitrogen use efficiency [J]. Crop Science, 57 (3): 1 687.